urban
spirit of place
and the context

# 도시, 장소 그리고 맥락

## 都.市.場.所.脈.絡

이호정 교수의 설계강의 노트 1

태림문화사

## 프롤로그

"The building and the site cannot be separated intellectually." - R.M. Schindler

건축(architecture)은 건물 그 자체와 관계하는 것이 아니라 도시(urban)와의 관계에 있다. 건축은 도시의 일부이며, 건축은 도시를 만들어나가는 구성요소인 것이다. 나의 건축여행은 주로 도시에서 건축이 어떠한 표정을 하는가, 혹은 건축의 표정이 도시에 어떠한 영향을 미치는가를 관찰하는데 중요한 의미를 갖는다. 나는 여기서 건축과 도시를 어떻게 바라보아야 할 것인가를 이야기 하려는 것이다. 건축이 도시에 어떻게 존재해야 하는가, 우리가 건축을 어떻게 구성할 때 도시에 반응할 것인가는 우리의 중요한 과제가 아닐 수 없다. 일반적으로 대학에서의 교육은 건물을 설계하는 방법에 집중해서 교육을 해 왔던 것이 최근까지의 경향이라면 앞으로의 건축은 건물을 설계하는 것이 아니라, 기존도시의 비워진 부분에 혹은 기존의 건축적 공간에 어떠한 처방을 해서 도시를 구축해 나갈 것인가에 그 의미를 둔다고 할 수 있다.

특히 본서의 구성은 도시가 유구한 시간을 거쳐 현재에 이르는 대 서사시와도 같다고 볼 때 도시의 각 부분은 각 장(chapter)이 될 수 있을 것이며 건축은 그 장을 이루는 문장(sentence) 혹은 그 문장을 이루는 단어(word)와도 같다고 할 수 있다. 건축을 언어로 혹은 어휘(vocabulary)

로 이야기 하는 근거는 바로 거기에 있을 것이다. 그러한 어휘가 적절한 문장으로 제 구실을 하려면 바로 앞 뒤 문맥(context)이 맞아야 함은 누구나 알 수 있는 사실이며, 본서에서는 그 적절한 문맥을 찾기 위해 이론적인 근거와 도시에서의 사례를 중심으로 설명하려 한다.

본서는 설계수업의 커리큘럼 상 강의와 병행하는 것에 한계를 느껴서 필자가 설계수업시간에 해주고 싶은 이야기들을 두서없이 엮은 것에 불과하다. 이제 그 결실인 "설계 강의노트 1"이 세상에 나오려 한다. 아무쪼록 본서가 설계를 공부하는 학생들의 지침서 혹은 입문서로서의 역할을 하는데 조금이나마 보탬이 되었으면 한다. 마지막으로 본서의 근거는 필자의 연구실에서 배출된 석사과정(김기현) 학생의 연구결과에 있음을 밝혀둔다.

2007년 여름, 연구실 '누마루'에서

이 호 정

# CONTENTS

## 문화(文化)가 근간이 되는 도시재생

**Urban Renovation on the basis of Culture**

도시는 유기체(有機體)이다. 유기체란 살아 숨 쉬는 생물체 혹은 자연을 의미한다. 도시는 짧게는 수십 년부터 수백 혹은 수천 년 동안 끊임없이 성장•변화•발전을 거듭하면서 현재에 이르게 된다. 이러한 도시는 각기 발전되어오는 과정에서 시대의 요구에 다양하게 변화하지 못하고 쇠퇴의 길을 걷게 되는 경우가 흔히 나타나게 된다. 특히 근대화의 과정에서 쇠퇴되어온 도시들은 사회로부터 외면을 당하면서 새로운 신도시(新都市)를 만들어나가는 것이 현대도시의 특색이라 할 수 있다. 그러한 상황은 구 도시를 더욱 쇠퇴의 길로 내몰게 되고 결국에는 치유할 수 없는 상황에 까지 다다르게 되는 것이 최근의 상황이라 할 수 있다.

정부에서는 최근 이렇게 치유할 수 없을 정도로 쇠퇴일로를 걷고 있는 도시를 대상으로 도시재생프로젝트를 내 놓았다. 건교부 산하에 도시재생사업단을 두고 연차별로 공간적으로나 경제적으로 엄청난 양의 에너지를 쏟아 부어 도시를 재생하려하고 있다. 지금의 도시적 상황으로 볼 때 시의 적절하다고 볼 수 있다. 그러나 사업단에서 생각하고 있는 도시의 재생사업은 도시재생이 아니라 도시 재개발인 것처럼 보인다. 재생과 재개발은 분명 차이가 있다.

재생(再生)이라는 의미가 함축하는 것은 기존의 모든 것을 존중하면서 쇠퇴 혹은 노화된 것을 회복시키기 위한 일련의 작업이라 할 수 있다. 즉 기존의 노화된 것을 뿌리 채 뽑아버리고 새로운 종(種)을 이식하는 것은 아니다. 나는 여기서 전자를 도시재생이라 생각하며 후자 즉 새로운 종을 이식하는 것을 도시재개발 혹은 일련의 뉴 타운 개발이라 생각한다. 여기서 새로운 종(種)을 이식 했을 때 나타나는 몇 가지 문제점을 열거하려 한다.

우선 첫째로는 토양의 문제이다. 과연 새롭게 선정한 종이 그 토양에 적합할 것인가, 수십 혹은 수백 년에 걸쳐 형성되어온 토양에 새로운 종이 살 수 있을 것인가이다. 둘째로는 기존의 종과 더불어 살던 모든 생물체들 즉 유사 식물과 곤충 혹은 미생물 까지도 새로운 종과 맞지 않는 것 들은 그곳을 떠나든가 혹은 쇠퇴에 이를 것이다. 마지막으로 그 장소는 이제 기존의 것을 모두 버리고 새로운 역사를 써야 한다는 것이다.

필요에 의해 새롭게 만들어지는 신도시에 대해 과거부터 지속적으로 그 명맥을 이어오는 도시는 여러 부분에서 많이 다르며, 당연히 달라야 한다고 생각한다. 구도시가 새롭게 신도시와 같은 면모를 갖출 수도 없을 뿐더러 갖추어져도 안 된다고 생각한다. 도시는 그 속에 과거와 현재 그리고 미래의 모습이 투영되어야 한다. 과거가 없는 현재는 있을 수 없으며, 미래가 보이지 않는 현재는 불안정하다. 기존의 구 도시에서 생활을 영위해온 사람들은 거기서 지속적으로 자부심을 갖고 대대로 살아갈 수 있는 장소를 만들어 주어야 한다. 그곳에서 태어나고 자라서 대도시로 나갔던 사람들이 돌아올 수 있는 과거의 장소, 기억의 장소를 만들어 주어야 한다.

예를 들어 프랑스 파리의 신도시 라데팡스는 분명 구 도시를 뿌리로 하고 있다는 것을 알 수 있다. 신도시건설을 위해 파리 구 도시를 완전히 개조하면 안 된다는 것은 누구나 알 수 있는 사실이다. 파리가 전 세계인들의 선망의 대상이 되는 것은 사회문화적인 자산 즉 역사성과 더불어 신구(新舊)의 조화에 대한 모형이라는데 이의를 달 사람은 없을 것이다.

정부가 최근에 진행하고 있는 도시재생은 뉴타운개발 혹은 도시 재개발이 아니어야 한다. 기존의 구 도시위에 새롭게 뉴타운 혹은 재개발이 이루어지면 그 장소의 역사는 새로 써지게 되고 그 곳을 생활의 터전으로 했던 사람들의 역사도 사라지게 된다. 역사(歷史)가 없는 도시는 주인도 없다. 주인이 없는 도시는 공허(空虛)하다. 그러한 도시개발행위는 부동산투기 등 사회를 더욱 혼란스럽게 할 뿐 더러 양극화를 더욱 부추기는 빌미를 안겨준다는 의미에서 숙고에 숙고를 해야 할 일이다. 더불어 살 수 있는 도시, 더불어 살 수 있는 사회를 만든다는 것은 단순히 경제논리만으로는 해결할 수 없다.

장소성(場所性)의 회복이라는 말이 요즈음 사회문화적인 화두임에도 우리는 기존의 오랜 시간동안 축적되어온 장소성마저도 없애는 행위는 하지 말아야 할 것이다.

2007년 7월「건축문화신문」게재 글 중에서

# 제1장 서 론

현대 도시는 수많은 건축물을 중심으로 여러 가지 요소들을 토대로 복잡하고 거대하게 조직화되어 있다. 근대 도시에서 현대 도시에 이르기까지 대부분의 많은 도시들은 경제 성장의 논리로 인해 '공간 체계로써의 도시'보다는 '조직 체계로써의 도시'로 변모하여 지금까지 지속되고 발전되어 왔다.

이러한 도시를 이루고 있는 건축물과 수많은 요소들은 이로 인해 축소, 은폐되었으며, 이것은 현대 도시를 규명하는데 있어 많은 문제점을 야기 시키고 있다.

도시를 이루고 있는 숨겨진 요소들을 개별적으로 파악하여 도시와 요소들과의 관계와 요소들 간의 관계를 이해하여야 한다. 도시의 개별적 요소들은 인간 개개인의 삶이 축적되고 반영되어 있으며 도시는 이러한 개별적 요소들의 총체적인 것으로 해석하여야 한다. 이는 현대 도시가 복잡하고 거대하기 때문에 개별적 요소로 읽혀져야 함을 뜻한다. 그래서 현대 도시에서 새롭게 대두되고 있는 장소적 **맥락(Context)**을 통해 현대 도시가 어떻게 구축되고 정의 내려지는가를 살피려 한다.

콘텍스트(Context)란 본래 문맥, 문장의 맥락과 전후관계, 문장이 놓여있는 여러 가지의 상황을 가리키지만 해석이나 방법의 문제와 연관될 때 이것은 여러 가지 다른 의미가 된다. 다시 말해 일정한 의미로 한정할 수 없는 개념이 된다.

# >urban >spirit of >place and the >context 도시, 장소, 그리고 맥락 都.市.場.所.脈.絡

19세기까지만 해도 학문적 방법의 중심은 역사주의와 실증주의였기 때문에 콘텍스트(Context)라면 오직 역사적 콘텍스트(Context)만을 의미했다. 모든 작품은 그것이 발생한 역사적 배경을 가지며 특정한 역사에 속한다는 생각이 바로 그것이다. 때문에 특정한 시대의 작품들은 유사한 관심과 가치관을 갖는다고 생각했다. 물론 시대성을 무시하고는 어떤 단어의 의미를 파악하기란 어려운 일이기 때문에 역사적 콘텍스트(Context)만을 고집한다면 여러 가지 결함을 피할 수 없다. 특히 시대나 배경이 다른 텍스트를 논할 경우 시간성 이외의 문제인 그 텍스트의 형식이나 구조에 대해서는 말문이 막히는 경향이 있다. 이러한 결함을 시정하려는 시도가 신비평의 상황주의(Contextualism, 또는 Contextual Criticism)이다.

이러한 입장은 작품을 하나의 유기적인 자족체라고 생각하고 작품을 둘러싸고 있는 외적 요소들(시대, 작자, 배경, 의도 등)을 배제한다. 그 대신 상황주의는 작품 자체가 내재적으로 형성하고 있는 작품내의 맥락에서 여러 가지 비평용어를 개발할 뿐만 아니라, 그것을 사용해서 작품을 정독함으로써 작품의 미적 구성을 정밀히 하려 한다. 다시 말해 상황주의는 작품을 외적 요소로 환원하는 일보다는 작품자체를 자족한 시스템으로 간주함으로써 작품 외적인 언급이나 작품을 초월하는 어떤 행위도 배제하려는 신비평방법이다. 여기에는 역사 실증주의적 문학비평이 토대로 삼고 있던 이데올로기적 결정론에 대한 비판의도도 담겨 있다. 그러나 이러한 비평방법도 작품을 닫쳐진 시스템으로 간주하는 자폐성으로 인해 1950년대를 고비로 해서 퇴조해버리고 말았다.

*C. Norris & A. Benjamin, What is Deconstruction?, 도서출판 청람, 1996, p.89~90*

맥락(Context)의 개념은 미학 이론과 일반 디자인 분야, 그리고 건축 및 도시 분야 등 광범위하게 사용되고 있다. 이러한 맥락을 통해서 도시는 우리에게 의미가 풍부하고 다양한 공간을 체험할 수 있는 장소의 기틀을 제공한다.

그림 1 시카고 도심(Chicago Downtown), 시어즈 타워에서 봄(중앙에 헬무트 얀의 퍼스트 내셔널 뱅크 그리고 우측 아래에 일리노이주 청사 등이 보인다)

# >urban >spirit of >place and the >context
도시, 장소, 그리고 맥락
都.市.場.所.脈.絡

**note1. 사람의 얼굴과 성격이 각각 다른 것처럼 장소의 성격도 서로 다르다.** 그런데 왜 우리의 주변에는 물리적으로 획일적인 형태와 기능만이 존재하는 도시, 장소, 건축만이 존재하는 것인가? 그것은 도시에 존재하는 다양한 이야기들에 주목하지 않고 도시를 우세하고 큰 것 위주로 읽고 해석하는 소극적인 접근태도 때문이라고 볼 수 있다. 현대 도시(都市)에서의 장소(場所)와 건축(建築)은 도시적 측면에서의 void와 solid일 뿐, 인간이 가지고 있는 휴먼 스케일(Human Scale)의 void와 solid라고 볼 수 없으며, 이것은 대도시일수록 더욱 가시화되어지고 뚜렷해진다.

**note2. 그래서 현대 도시는 유사한 가로의 입면과 장소의 분위기로 역사적 연속성과 장소성(spirit of place)을 상실**하고 있으며, 이로 인해 인간이 느끼고 경험할 수 있는 장소가 사라지고 있다.

건축에서 맥락(Context)을 통한 선행 연구는 물리적(物理的) 요소와 문화적(文化的) 요소 위주로 진행되어 왔으며 장소에 내재된 이미지, 흔적, 유형 등이 포함된 비 물리적인 측면의 요소들을 모두 문화적 인자로 해석하였다. 이것은 건축 맥락의 시간에 대한 연구가 역사를 단편적이고 파편적으로 해석하는 방식과 추상적인 개념을 중심으로 해석하는 방식으로 연구되어 왔다.

**note3. 그래서 시간을 단절적이거나 부분적으로 보지 않고 문화와 문화, 사건과 사건을 이어주는 맥락적인 측면에서 시간을 고려할 때 도시와 건축과의 관계는 더욱 구체적이고 정밀하게 읽혀질 수 있다.**

그림 2 나보나 광장(Piazza Navona)의 카페테리어, 이탈리아 로마

'도시 활성화(Urban-Revitalization)'는 말 그대로 도시에 생기(生氣)를 다시 넣어준다는 것이다. 사물의 항상적인 상태는 실은 '외형의 시간' 속 이외에는 존재하지 않는다.

**note4. 건축을 하는 것은 사물의 불안정한 상태를 조합시켜 보다 안정된 상태로 바꾸어 놓는 작업일 뿐이다.** 그러나 건축이 상품화됨에 따라서 건축은 그 자체가 영원한 생명을 갖는 우상같이 만들어지게 되었다. 잘 알고 있는 사실이지만 상품으로써의 건축은 그 대가가 지불될 때 최대의 효과를 낳도록 프로그램화 되어져 있으며, 거기에서는 시간의 흐름 속의 한 점에 그 가치가 집약되어 있다.

건축은 분명히 시간의 경과와 함께 그 세례를 받으며 변질되어 간다. 직접적인 시간, 물질의 약화, 부패 등은 건물의 내구성을 중심으로 이야기된다. 그러나 여기서는 물체가 낡아져 간다는 퇴행적 가치만을 이야기하고 있다.

그런 반면에 그와는 반대로 오래될수록 보다 명확해져가는 건축의 본질과 폐허화됨에 따라 증대해가는 건축에 관련된 역사야말로 정보에 의해 토막 나고 버려진 공간(space)과 시간(time)을 연결하는 기술로써 본서에서는 매우 중요하게 다루려 한다. 건축은 다시 한 번 그 자신의 본래적인 시간을 삶으로써 개인을 초월한 무엇인가를 환기시키는 초월적인 힘을 되찾아야만 한다.

그림 3 초기 근대문화가 유입된 지역으로 문화적 흔적과 새로운 것에 밀려 폐허가 되어가는 건물이 공존하고 있다. 인천 구도심

**note5. 건축은 그 자신의 생명을 시간(時間) 속에 드러냄으로써 진정한 강함을 표출해야 한다.** 즉, '생명을 유지하며 그 종말인 폐허를 사람들에게 환기시키는 힘'을 갖게 하여야 한다. 현재(現在)는 과거(過去)와 미래(未來) 사이에서 서로를 연결해 주어야만 문화의 단절도 줄어들 것이며, 생활도 계속성을 가지게 될 것이다.

그 동안의 건축의 방향은 재개발(re-development)과 같은 도시전체에 대한 변화이고 재해석이었다. 그러나 도시 활성화(Urban-Revitalization)는 그러한 도시 전체의 변화가 아니고 기존 도시를 해치지 않으면서 도시의 기능을 활성화하는데 있다.

**note6. 따라서 시간이 흐름에 따라 낙후되어 가는 것이 아니라 시간과 같이 흘러가며 도시에 적응하고 개발(開發)과 보존(保存)이 공생(共生)하여야만 하는 것이다.**

진정한 건축은 시간이 지나도 그곳에 존재하며 그 도시를 살리고 그 도시민들과 함께 호흡하여야만 한다. 이러한 명제를 안고 도시에 숨어있는 요소를 파악하고 그러한 요소로 인해 부여받은 장소적 맥락을 수용하여 건축이 할 수 있는 도시 활성화 방법의 새로운 대안을 제시하려 한다.

*결국 본서는 도시 속의 건축은 도시의 맥락(Context)의 일부이며 한 요소로써, 건축이 갖추어야 할 입장을 고찰하고, 건축과 주위환경의 맥락성, 기능과 구조, 스케일 등의 상호연관관계를 중요하게 생각할 것이며, 또한 건축은 항상 그 장소(場所)에 뿌리를 내리고, 그 의미를 형태로*

그림 4　문화시설로 리노베이션된 옛 섬유공장(Renovation of an old textile factory into an art-related functions), 녹스(NOX) 설계

그림 5 문화시설로 리노베이션된 옛 섬유공장(Renovation of an old textile factory into an art-related functions). 녹스(NOX) 설계

그림 6　시간의 흐름이 묻어있는 건물. 이탈리아 베니스

*만들고, 그 건축에 의해 더욱 그 장소의 의미를 확대하고 그 다음에 다시 건축이 만들어지고 만들어 가는 것이다. 이렇게 건축과 장소적 맥락은 상호보완적(相互補完的) 관계이고, 서로가 없이는 서로의 존재성(存在性)을 인식할 수 없는 불가분의 관계인 것이다. 이러한 건축적 사고를 통해 그 장소의 역사적, 환경적 특성을 올바로 인식하고, 그것을 고유의 형태를 통해 실체화하며, 그 본질을 밝히려는 것이다.*

**note7. 도시(都市)는 도시조직 안에서 요소들의 끊임없는 변화와 생성과정을 통해 발전한다.**
일련의 과정들은 지속적으로 축척되어온 문화, 전통, 풍토 그리고 사회적 상황 등과 관계를 맺고 있으며, 시간의 흐름에 따른 연속성과 일관성을 가지고 도시의 맥락(Context)을 형성한다. 도시의 맥락은 그 도시에서 체험되는 집단적 기억으로 인식되며, 도시의 공간구조 즉, 도시의 구조적 형태에 의해 형성된다. 따라서 도시조직 안에서 요소들에 의해 구성된 도시의 형태는 도시의 맥락을 반영한다.

**note8. 과거로부터 내려온 도시는 형태적으로 고유한 패턴을 가지고 있으며, 현재의 그 도시 구조를 형성하는 기반이 된다.** 이러한 도시는 길(path)에 의해 관계를 가진 연속적 패턴으로 인식되어진다. 현대의 도시는 무분별한 발전과정에서 자동차(vehicle) 중심의 거대한 격자형 도로를 발생시키고, 그에 따른 불합리한 블록개념을 수용하고 있다. 이에 의해 도시의 맥락을 끊어버리고, 과거 도시가 가지고 있던 도시의 고유한 특성이 사라져가고 있다.

그림 7 중앙에 성 가족 교회(Sagrada Familia)를 중심으로 광장이 형성되어 있고 이 도시는 그곳을 중심으로 영역화가 이루어지고 있음을 볼 수 있다. 스페인 바르셀로나

#### >urban
#### >spirit of >place
#### and the >context 도시, 장소, 그리고 맥락
#### 都.市.場.所.脈.絡

기능성(機能性)과 보편성(普遍性)을 지향하는 근대 건축이 정체성(정체성 없는 환경을 양산한 이래 각 도시와 각 지방의 지역적 고유한 정체성(正體性)의 상실과 획일화된 상황을 회복하기 위해 **지역주의(地域主義), 역사주의(歷史主義), 장소성(場所性)**의 개념과 함께 주위 환경과의 관계를 고려하는 맥락적(Contextual) 건축의 이념이 널리 인식되기 시작하였다. 즉, 지역의 본질적인 구성인자를 생성함이란 장소가 가지는 맥락적 이해와 시도에서 유연하게 전개되어야 함을 의미하고 있다.

기디온(S. Giedion)은 '공간, 시간 그리고 건축'의 서론에서 '새로운 지역주의(New Regionalism)'의 개념에 대해서 언급하였다.

기디온(S. Giedion), 김경준 공역, 공간, 시간 그리고 건축(Space, Time and Architecture), 시공문화사, 2003, p27

노버그-슐츠(C. Norberg-Schultz)는 알토(A. Aalto)의 건축을 마찬가지로 '새로운 지역주의'의 근원으로 보았다.

C. Norberg-Schultz, 조철희 공역, Roots of modern Architecture, GA Document, 태창출판사, 1991, p125~139

람푸냐니(V. M. Lampugnani)는 합리주의에 반대하는 경향으로서 지역주의를 경험주의, 신표현주의와 함께 연관지어 설명하였다.

V. M. Lampugnani, 윤재희 공역, 현대건축론, 세진사, 1979, p290~317

이러한 이론에 의한 지역주의 건축의 특성을 정의하면,

① 주어진 자연환경에 대해서 직접적으로 반응한다.

② 건물이 주변 경관 속으로 배치되며 인간적 스케일이 중시된다.
③ 지역의 전통에 뿌리를 둔 형태언어를 사용한다.
④ 추상화는 배제되고 직접적인 감각에 호소하게 된다.
⑤ 재료는 자연의 것이며 수공예적 가치가 중시된다.

**역사주의**

로버트 벤츄리(R. Venturi)는 건축의 복합성과 대립성(Complexity and Contradiction in Architecture)에서 근대건축의 도덕성과 순수주의에 반대되는 반 영웅주의적이며 포괄적이고 역사주의적인 사고의 필요성을 주장한다. 그리고 건축형태에 관해서 비정형성, 모호성, 양자공유, 이중기능 그리고 대립성의 중합 등에 의해 생기는 긴장감과 균제를 선호하고 있다는 그의 견해가 규범적으로 기술되어 있다.

*R. Venturi, 임창복 공역 '건축의 복합성과 대립성(Complexity and Contradiction in Architecture)', 기문당, 2000, p3*

**장소성**

장소의 개념은 근대건축의 공간의 개념과 대비된다. 공간이란 근대건축의 기본적인 관념인 추상적이고 균질한 공간을 의미하는 것으로 체험의 대상이라기보다는 인식의 대상으로써, 인간존재와는 별개의 것으로 다루어진 것임에 반해, 장소는 의식적으로 인시되고 창출되어서 특정한 위치와 의미를 지니는 구체적인 공간을 지칭하는 것으로 인간존재와 밀접한 연관성을 갖는다.

*성혁재, 현대 지역주의 건축의 주제와 표현특성에 관한 연구, 홍익대 석론, 1998*

# 제 2 장 도시의 장소적 맥락

## 1. 도시와 맥락

**note9.** 맥락(Context)이란 Con(=Com, Together)의 '같다'는 뜻과 라틴어에서 온 단어(Texture)의 '(천이나 직물 따위를)짜다'라는 뜻의 합성어로 구성된 맥락의 사전적 의미는 문맥, 글의 전후관계, 경위, 배경 등으로 설명되고 있으며 일련의 연속성을 의미한다.

영국의 철학자 페퍼(Stephen C. Pepper)는 20세기를 전후로 나타난 맥락 혹은 상황을 다룬 철학을 총칭하여 맥락주의(Contextualism)라고 부르면서 맥락주의를 뭉뚱그려 역사적 사건(Historic Event)이라고 했다. 여기서 사건이란 이 세상에 존재하는 것들이 고립되어 있을 때 일어나는 것이 아니라 서로 간에 충돌이 일어날 때 일어나는 현상이다.

**note10.** 그러므로 맥락주의에서는 그것들의 개별적 정체성 찾기가 중요한 것이 아니라 서로 간의 만남과 어우러짐이 중요하다.*〈이동언, 맥락주의를 건축이론화 하기 위한 시도, 건축역사학회 8권 2호, 1999, p.110〉* 하나의 사물을 파악하기 위해서는 맥락 전체의 흐름을 생각하여야 된다는 것이 맥락주의의 가장 근본적인 생각이다. 역사적인 사건이란 바로 이러한 의미를 내포하고 있는 것이다.

**인지심리학**에 있어서는 그림 12와 같이 가로맥락 하에서는 숫자 '13'으로, 세로맥락 하에서는 알파벳 'B'로 지각되는 것을 '그에 대한 감각을 초월하는 것(going beyond the given)'이라 하여, 이와 같은 현상을 지각의 '맥락효과(Context Effect)'로 정의하며, 대상의 의미가 주어진 정보를 넘어서서 맥락(Context)에 의해 구성됨을 지적한다.〈*고영희, 심리학, 양서원, 1993, p.126*〉

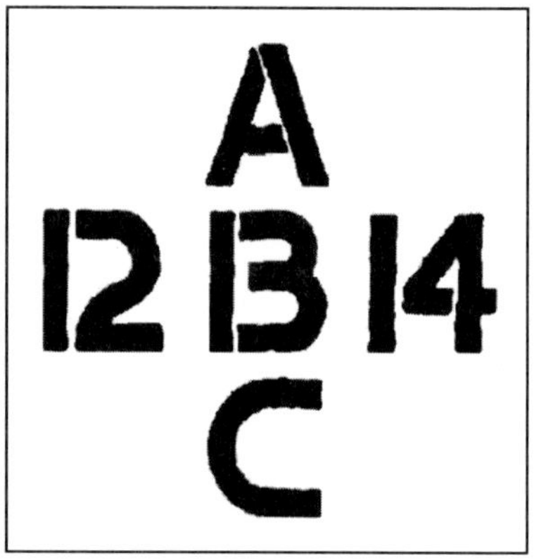


그림 8 맥락효과
(자료출처 : 김정오, 심리학개론, 한국방송통신대학출판부, 1993, p160)

**인지심리학**

인간의 여러 가지 고차원적 정신과정의 성질과 작용방식의 해명을 목표로 하는 과학적 · 기초적 심리학의 한 분야. 외부로부터 객관적으로 관찰할 수 있는 <행동>만을 다루려고 하는 행동주의심리학의 발달에 따라 실험심리학에서는 정신적 여러 현상이 1920년 전후 이래로 무시되어 왔다. 그러나 1950년대로 접어들자 <정보>의 개념 도입과 함께 통신공학 · 정보처리공학 · 언어학 등의 영향을 받아 마음의 내부구조와 과정을 직접 논하려는 인지심리학이 재흥하였다.

인지(cognition)란 인식으로도 번역되며, 사물이나 사상(事象)에 대해 아는 것, 또는 그 과정을 의미한다. 따라서 인지심리학의 대상은 지각(知覺) · 주의(注意) · 이미지 형성 · 판단 · 기억 · 추론 및 문제의 발견과 해결, 언어의 이해와 발화(發話), 학습 등 <지(知, cognition)>와 관련되는 여러 과정이 중심이 된다. 그러나 최근에 와서는 심적 활동인 <정(情, affection)>적 및 <의(意, conation)>적 측면도 그 범주에 포함시키게 되어, 인간(또는 널리 동물)의 정신적 · 육체적 여러 활동의 기초에 있는 내적 메커니즘의 전면적 이해를 요구하게 되었다. 대뇌생리학(大腦生理學)과는 그 목적 · 대상이 같은 부분도 있으며, 서로 상대편의 식견을 참고로 할 수는 있으나 그 기술(記述)의 수준은 크게 다르다. 인지심리학에서는 인간을 하나의 범용적(汎用的) 정보처리시스템으로 간주함으로써 언어와 시각상(視覺像) 등 각종 정보의 수용(受容) · 변환 · 저장 · 구조화 · 축적 · 변용(變容) · 산출 · 창조 등의 여러 과정을 기호적 · 추상적 수준에서 논하고, 신경조직 등의 물질수준에서의 설병은 하시 않는다.

언어학에서의 맥락(Context) 개념은 특히 '구조주의 언어학'에서 보다 심도 깊게 연구되어졌는데, 이의 창시자라 할 수 있는 **소쉬르(F. Saussure)**는

**note11. "전체는 부분 때문에 가치가 있고, 부분 역시 전체 속에서 그 위치 때문에 가치가 있는 것이다"** 〈*F. de Saussure, 최승언 공역, 일반언어학 강의, 민음사, 1990, p.151*〉라고 하여 언어가 지닌 맥락적(Contextual) 구조의 중요성을 강조하였고, 이는 레비-스트로스(C. Levi-Strauss)의 '구조인류학'에 영향을 미침으로써 20세기 세계 사상계의 주요이론이 된 '구조주의'〈구조주의는 대상의 구조가 밖으로 나타난 개별적인 행동, 사건 또는 현상이 아니라 그 모든 사건과 대상들의 저변에 숨겨져 있는 규칙이나 원리로 보고 현상에 내재해 있는 원리나 규칙을 탐구한다. 즉, 구조는 요소와 요소 간의 관계이며, 이는 지각의 규칙에 따라 관계망을 이루고 있다는 것이다. *최무혁, 형태-공간, 시간, 의미와 커뮤니케이션에 의거한 건축디자인 방법론에 관한 연구, 서울대 박론, 1987, p.12*〉의 기틀을 제공하게 된다.

그림 9　라데팡스(La Defence)에서 파리의 개선문이 보인다. 신도시 라데팡스는 파리의 구도심에 철저하게 종속되지 않으면 안 된다

그림 10　파리 구도심에 존재하는 나폴레옹의 개선문은 신도시에서 그랜드아치(Grand Arche)로 재생된다.

**소쉬르 (Ferdinand de Saussure 1857~1913)**

스위스 언어철학자. 제네바 출생. 제네바대학에서 강의한 <일반언어학강의>는 죽은 뒤인 1916년 같은 제목으로 제자들에 의해 출간되었다. 그 내용에서 간파되는 언어의 본질을 둘러싼 다양한 사색은, 모든 인간과학의 방법과 인식론에서 <실체론에서 관계론으로>라는 패러다임변환의 계기가 되었다. 그는 우선 인간이 가지는 보편적인 언어능력 · 상징화활동을 랑가주(langage)라 하고 이것을 그 사회적 측면인 랑그(langue)와 개인적 측면인 파롤(parole)로 나누었는데 이때 랑그와 파롤은 상호의존적이다. 사람들 사이에 커뮤니케이션이 성립하기 위해서는 간주관적(間主觀的)인 침전물로서 가치체계 · 사회제도가 전제되지만, 역사적으로는 항상 개개인의 발화행위(發話行爲)가 선행해 파롤이 랑그를 변혁하기 때문이다. 그리고 언어의 동태면의 연구를 통시언어학(通時言語學), 정태면의 연구를 공시언어학(共時言語學)이라 하고 이 두 방법론상의 혼동을 경고했다. 또 플라톤이나 성서 이래 전통적 언어관인 언어명칭목록관(언어는 사물이나 관념의 명칭목록이라는 견해)을 부정하고, 언어 이전에는 명백한 인식대상이 존재하지 않는다고 밝혔다. 언어란 인간이 그것을 통해 혼돈하는 외계를 비연속화하는 프리즘이며 자의적 게슈탈트(형태)이다. 따라서 말의 의미는 언어기호 밖에 있는 것이 아니고 그 시니피앙(signifiant ; 표현)과 시니피에(signifié ; 내용)는 시뉴(signe ; 기호)의 분절(分節)과 함께 공기적(共起的)으로 산출된다. 이것은 그리스 이래 서유럽의 형이상학을 지배하고 있던 로고스 중심주의에 대한 근본적 비판으로 20세기 문화기호학의 기반이 되었다.

미학이론에서 일반적으로 사용되는 맥락(Context)의 개념을 보면 예술작품을 그 자체적으로 감상하거나, 보거나, 듣거나, 읽거나 하는 것으로만 평가되는 것과 상반되는 개념인 예술 작품에 영향을 미치는 전반적인 맥락 관계로 이는 주변 환경과 역사적인 내용 그리고 예술 작품에 풍부한 경험과 영양분을 공급한 모든 지식 및 이에 관련된 사항을 포함하고 있다. 따라서 맥락주의(Contextualism)에 의한 관점에서 보면 예술 작품의 모든 평가는 맥락에 두어야 함을 뜻하고 있다.

일반 디자인 이론에 적용되는 맥락적(Contextual) 접근의 의미는 '디자인 그 자체가 그 디자인의 수변 환경에 적합하여야만 하고, 그것에 반응하여야 하며, 디자인 자체가 자신과 주변 환경을 조정(Mediate)한다'〈*G. Shane, Contextualism, Architectural Design, 1976, p.676*〉라는 의미로 사용된다.

언어학과 문예학에서 자주 사용되는 맥락(Context) 개념은 언어의 내면적이고 외부적인 주변을 이해하는 것이며, 연관된 단어의 앞뒤 주위는 해당언어의 의미와 기능을 파악하는데 결정적인 역할을 하게 된다. 문학을 완전히 독립적인 것, 독자적인 것이 아니라 외적인 요소와의 명백한 상응관계로 파악할 경우, 문학, 또는 예술적 현상, 구조, 상황과 외적인 현상, 구조, 상황의 사이에는 맥락의 개념이 성립된다.〈*A. Hauser, 한석종 공역, 예술과 사회, 홍성사, 1981, p.249*〉

우리는 하나의 어떠한 단어를 보고 금방 의미를 전달할 수 없는 모호한 뜻을 가진 단어라면 전후 문장을 읽어보고 그 단어가 문장 속에서 어떻게 역할을 하고 어떤 의미로 쓰였는지, 어떻게 적응하였는지를 알고서야 그 단어의 뜻을 파악하게 되는 것이다.

**note12. 이런 것이 문자 그대로 텍스트(Text)가 구축되어져서, 문맥상에 단어 자체로써의 형상(Figure)이 될 뿐 아니라 그 문장 속에서 배경(Ground)을 함께 내포하게 되는 것이라고 정의할 수 있을 것이다.**

## >urban >spirit of >place and the >context

도시, 장소, 그리고 맥락

都.市.場.所.脈.絡

맥락(Context)의 개념의 근본적인 의미는 여러 영향 요인의 동시적이고 총체적인 이해를 전제로 하고 있으며, 하나의 체계는 그를 둘러싸고 있는 환경 안에서 의미 있게 존재한다는 것이다. 즉 어떤 구조든지 상대적인 관계 안에서 필요에 의해 독립적으로 파악될 수 있으면서도 언제나 그 주위환경과의 상호, 교환, 접근 관계 안에 흡수될 수 있음을 의미하는 말이다.

**건축에서의 맥락**은 건물 디자인에 미치는 주변 환경과 역사적, 정신적 경험, 지식 등 사회문화적 요인에 대한 제반 사항을 포함하는 포괄적이고 광의적인 개념으로 정의〈*진정, 현대 미국 건축의 Contextualism에 관한 연구, 대한 건축학회지 27권, 113호, 1983, p.37*〉될 수 있다. 이는 시각적 조화와 역사성, 지역성을 상실한 건축물로 인한 환경의 혼란과 장소성의 부재 현상을 해결하기 위하여 도입되었으며 초기에는 주로 건축물들이 밀집하는 도시경관을 중심으로 이루어졌다.

사물이 가지는 형태, 상세, 재료, 색채 등과 주변 환경의 물리적 요소와의 시각적 상호관계에 관여하는 형태적 맥락(Context)은 물리적 맥락(Context)이라고도 할 수 있으며 역사성(歷史性), 지역성(地域性), 시대정신(時代精神) 등은 시간적 맥락(Context)에 해당되는 비 물리적인 요소들이다.

건축에 있어서 맥락(Context)의 의미는 1960년대 말 도시적 측면에서 사용되기 시작했으며, 순수예술뿐만 아니라 건축과 같은 응용예술로써의 내재적 가치와 아울러 사회와 문화 그 밖의 역사와 지역성 등과 같은 외재적 가치를 함께 포함한 현대건축의 한 특성이 되고 있다.

그림 11 건축의 재료부터 건물의 형태에 이르기까지 거의 같은 문맥으로 이루어진 마을. 이탈리아 루카

그림 12 수백 년 동안 유지되어온 문맥에 충격적인 문맥의 사용은 도시에 활기를 줄 수도 있다. 그랏츠의 쿤스트하우스(Kunst- haus Graz) 스페이스 랩. 피터 쿡(Spacelab Cook-Fournier)

그림 13 수백 년 동안 유지되어온 문맥에 충격적인 문맥의 사용은 도시에 활기를 줄 수도 있다. 그랏츠의 쿤스트하우스(Kunst- haus Graz) 스페이스 랩. 피터 쿡(Spacelab Cook-Fournier)

그림 14 비엔나의 성 스테파노 성당과 한스 홀라인의 하스하우스

그림 15  고도 파리의 도심에 자리한 퐁피두 센터

**note13. 건축이란 일반적으로 특정한 맥락(Specific Formal Context) 속에서 선택되어 형성된 결과이며, 선택이란 현존하는 맥락(Context)을 받아들이던가 아니면 그것을 다른 상태로 대체하여 조성할 것인가를 결정하는 것이다.** *〈A. J. Catanese, 윤정섭 공역, 도시계획개론, 기문당, 1984, p.75〉* 아마도 그것이 도시를 파악함에 있어서 결정해야 할 문제들 중 하나가 될 것이다.

우리는 새것과 옛것 사이의 **시각적 조화(harmony)보다는 대조(contrast)**를 더 중요시 여겨왔다. *〈B. C. Brolin, Architecture in Context, VNR. Co, 1980, p.5〉* 근대의 건축가들은 놀랄만하고 멋진 솜씨로 이루어진 건축물이 이미 도시 내에 잠재해 있다고는 생각하지 못한 것이다. 고대 유럽도시를 여행하는 수백만의 여행자들은 단지 역사적인 감흥에 의해서 매력을 얻는 것은 아니다. 그들은 전체적으로 시각적 조화를 일으키는 이러한 장소의 물리적 아름다움에 의해서 매력을 얻기도 한다. *〈B. C. Brolin, Architecture in Context, VNR. Co, 1980, p.9〉* 비록 그들의 건축양식이 전적으로 동일하지는 않더라도 이러한 고대도시들은 수세기에 걸쳐 전시대의 건물에 각각 새로운 양식을 연관시킨 노력에 의해 주의 깊은 구성의 인상을 준다.

**찰스 쟁크스(C. Jencks)**는 "현대건축의 가장 큰 실패가 도시적 맥락(Context)에 대한 이해의 결핍에 있다"*〈C. Jencks, The Language of Post Modern Architecture, Rizzoli, 1977, p.110〉*면서 맥락의 중요성을 강조하고 있다.

Charles Jencks (b. 1939) is an American architect, landscape architect and architectural theorist, famous for his writings on post-modern architecture.

Born in Baltimore, he first studied English Literature at Harvard University, later gaining an MA in architecture from the Graduate School of Design in 1965. He also has a PhD in Architectural History from University College, London.

Although not inventing the term post-modern, his 1977 book The Language of Post-modern Architecture is often regarded as having popularised its use.

Charles Jencks has become a leading figure in British landscape architecture. His landscape work is inspired by fractals, genetics, chaos theory, waves and solitons. In Edinburgh, Scotland, he designed the Landform at the Scottish National Gallery of Modern Art. These themes are expanded in his own private garden, the Garden of Cosmic Speculation, ar Portrack House near Dumfries. He is also a furniture designer and sculptor, completing the DNA Sculpture in London's Kew Gardens in 2003.

His late wife, Maggie Keswick Jencks was the founder of the Maggie's cancer caring centres, for which Jencks has designed gardens, and the author of a book on Chinese Gardens.

**note14.** 그가 지적하는 현대건축의 실패는 건축물들 사이에서 맺어진 관계보다는 단순한 오브제적 건축의 강조에서 기인 한다는 것이다.

그림 16 주변과의 콘텍스트가 맞지 않는, 오브제로서의 건축, 일본 후쿠오카.

건축과 맥락의 관계에 대해서 **크리스토퍼 알렉산더(C. Alexander)**도 "디자인 되는 형태는 그것이 적합해야 될 맥락에 의해서 결정되어야 하며, 형태와 맥락은 함께 어울려 하나의 앙상블을 이루게 된다."〈*G. Broadbent, Design in Architecture, John Wilew & Sons, 1973, p.274*〉면서 그 중요성을 지적한다.

Christopher Alexander (born October 4, 1936 in Vienna, Austria) is an architect, noted for his design of building complexes in California, Japan, and Mexico. Reasoning that users know more about the buildings they need than any architect could, he produced and validated (in collaboration with Sarah Ishikawa and Murray Silverstein) a pattern language designed to empower any human being to design and build at any scale. Alexander is based in England, where he is a licensed contractor and architect. He is professor emeritus at the University of California, Berkeley.

**롭 크리에(R. Krier)**는 도시 공간에 대한 그의 견해를 "어느 시대에서나 그 시대는 전 시대의 기능과 형태요소를 흡수 동화해 가면서 서서히 발전해 나가는 것이다. 그리고 그 시대사회의 역사의식이 높을수록 역사적인 양식에 있어서 양식요소를 응용하는 비율이 높다 하겠다.

Robert Krier (born 1938) is an architect and urban designer from Luxembourg. He is the older brother of architect Léon Krier.

Leon Krier (born 1946) is an architect, architectural theorist and urban planner. Born in Luxembourg, he moved to England in the 1970s to work in the office of architect James Stirling.

Krier spent 20 years in England, during which time he also taught at the Architectural Association. He is best known for his development of Poundbury 'village' in Dorchester, England for the Prince of Wales. Leon Krier has been one of the most important neo-traditional architects and planners of the end of the 20th century, though close scrutiny of his work in fact shows a shift from an early rationalist approach (project for University of Bielefeld, 1968) to an increasingly more classical approach. However, the project that marked a major turning point was his scheme (unrealised) for the 'reconstruction' of his home city of Luxembourg (1978). Leon Krier is married to artist Rita Wolff, and now lives in Provence.

Krier is the younger brother of architect Rob Krier.

이와 같은 사회적 배경이 있으므로 예술가는 모든 시대의 언어를 평등하게 받아들일 수 있게 되며, 이러한 상황은 17세기나 현재나 다를 바가 없다"〈*박길룡, 도시환경에 있어서 건축적 콘텍스트, 꾸밈, 1982, p.50*〉라고 밝히고 있다. 그러나 어느 시대이든 상관없이 대부분의 현대건축물은 전통적이지도 않고 그렇다고 해서 현대적이지도 않은 주위의 환경과 잘 적응하지 못하고 있다. 어떤 건축물은 의식적이고 맥락(Context)을 무시하기까지 하며, 오히려 기존의 맥락에 현대의 건축을 조화시키는 것을 가치 없는 일로 여겨왔다. 그렇지만 새로운 건축을 설계함에 있어 주위의 현존하는 맥락을 고려해야 한다는 사실을 무시할 수는 없다.

**note15. 현대건축에서는 근대건축의 도시적 맥락(Urban Context)을 무시하는 오브제 지향적 건축과 건축의 지역성과 역사성의 무시로 인해 야기된 장소성의 부재현상을 해결하기 위**

**해 맥락(Context) 개념을 가지고 건축을 디자인 하고 있는데 맥락은 건축 자체의 내재적인 가치와 아울러 사회, 문화, 그 밖의 역사와 지역성 등과 같은 외재적 가치를 함께 포함한 현대 건축의 한 특성이 되고 있다.**

**기디온(S. Giedion)**은 그의 책에서 "각종 사건 사이의 맥락과 상호관계는 우리에게 가장 중요한 사실이다. 고립된 사건이나 다른 것과 관계없이 자발적으로 일어나는 사건이란 존재하지 않는다는 것을 우리는 알고 있고, 더욱이 우리는 늘 이런 사건 사이의 관련을 탐구하고 있는 것이다"〈*S. Giedion, 최창규 공역, 공간 · 시간 · 건축, 산업도서출판사, 1979, p.53*〉라고 하여 건축에 있어서의 맥락(Context)이 지닌 중요성을 역설하였다.

또한 **케빈 린치(K. Lynch)**도 "무슨 일이건 단독적이 아니라 그 주위의 정황, 그때까지 잇달아 일어난 사건, 그리고 과거의 추억과의 관계에 있어서 체험 된다"〈*K. Lynch, The Image of the City, MIT Press, 1967, p.1*〉고 하여 건축의 의미는 이를 둘러싼 현재와 과거의 맥락에 대한 이해로부터 시작됨을 강조하고 있다.

Kevin Andrew Lynch (1918 Chicago, Illinois–1984 Martha's Vineyard, Massachusetts), American urban planner and author. Lynch studied at Yale, Rensselaer Polytechnic Institute and briefly under Frank Lloyd Wright before graduating from MIT in 1947, becoming a professor of urban planning in 1963 and staying until his death almost 35 years later. Lynch's most famous work, "The Image of the City" published in 1960, is the result of a five-year study on how users perceive and organize spatial information as they navigate through cities. Using three disparate

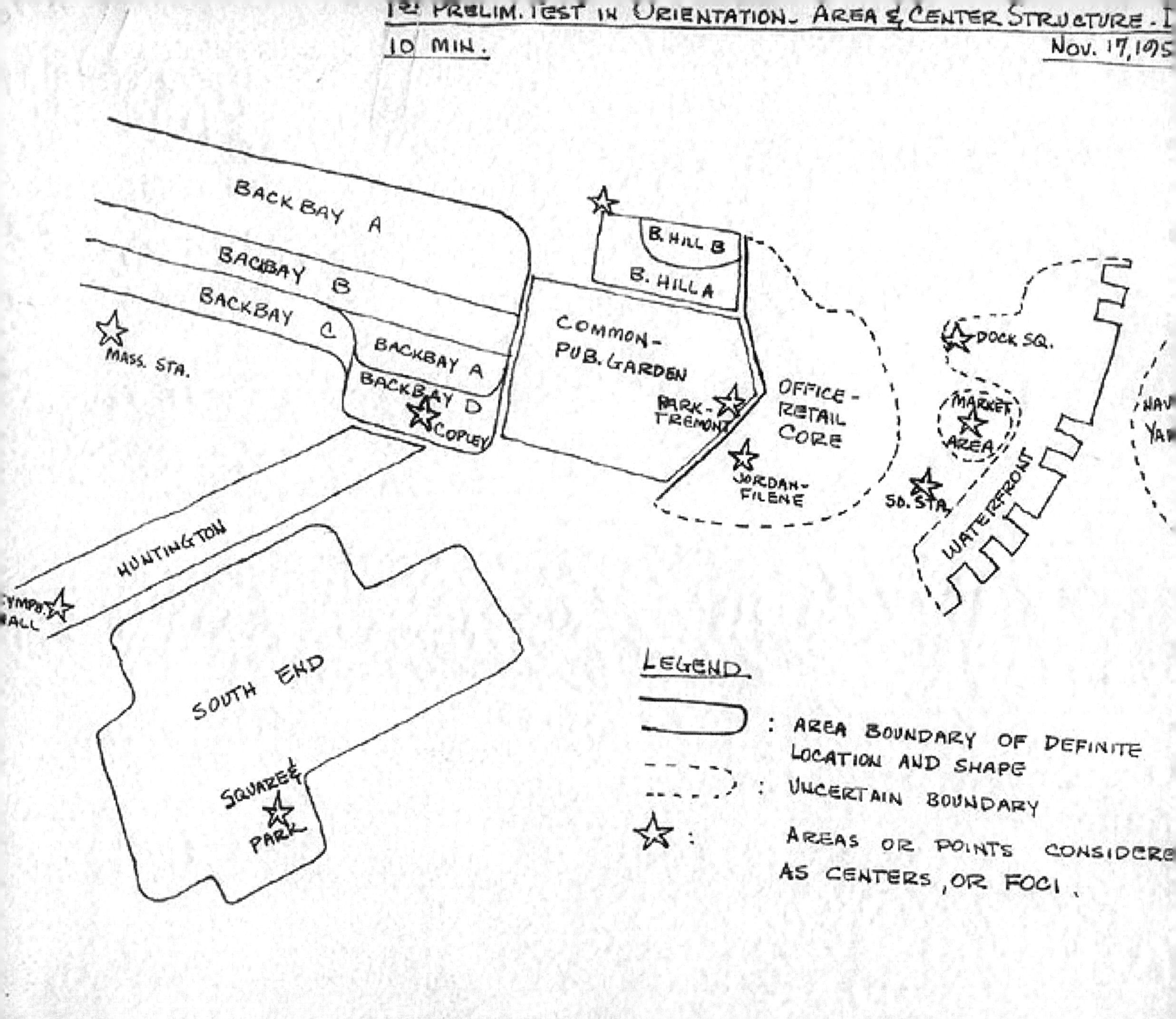


그림 17 케빈 린치의 스케치 맵(Sketch Map of Boston, 1955: Notes from Kevin Lynch's Image of the City Project)

cities as examples (Boston, Jersey City, and Los Angeles), Lynch reported that users understood their surroundings in consistent and predictable ways, forming mental maps with five elements:
paths, the streets, sidewalks, trails, and other channels in which people travel;
edges, perceived boundaries such as walls, buildings, and shorelines;
districts, relatively large sections of the city distinguished by some identity or character;
nodes, focal points, intersections or loci; and landmarks, readily identifiable objects which serve as reference points

이러한 맥락의 의미를 다시 사회성과 지역성, 그리고 역사성으로 나눌 수 있다.

첫째, **사회성(社會性)**이다. 예술가들의 작품과 사회화의 관계를 보면, 예술작품이 갖는 복잡성은 작품에 대한 체험적인 다양성에서 뿐만 아니라 그것이 여러 가지 동기들이 배열되어 있는 교차점에 놓여 있다는 사실에서도 명백히 드러난다.

**note16. 요컨대 예술작품은 세 가지 조건, 즉 사회적, 심리적, 기하학적 조건에 의해 결정된다.** 개인은 사회적 인과 관계 안에서 여러 가능성 가운데 하나를 선택할 수 있는 심리적 자유를 스스로 보존하고 있을 뿐만 아니라, 결코 예견할 수 없는 새로운 가능성을 끊임없이 창출하고 있다. 건축도 사회성과의 상호관계에서는 개인과 사회와의 관계가 그렇듯이 서로 다양하고 복잡한 방식으로 얽혀 있다. 건축을 보다 넓은 의미로 볼 때, 건축은 사회형식의 총괄적 표현이라는 사실이 분명해진다. 더욱이 건축은 다른 순수 예술분야와는 달리 그에 내재하고 있는 합목적성 때문에 하나의 단순한 예술이라기보다는 한 문화의 복합체(compound body) 같은 것이다. 그리고 그의 역사적 계승이란 하나의 독립된 패턴(Pattern)이 아니라, 인류의 진보와 그 맥락(Context)을 같이하는 사회적이며 문화적인 상황에 대한 표현이다.

따라서 궁극적으로 건축은 공공예술이라는 속성을 통해 사회적 존재로써 그 의미를 벗어날 수 없는 것이며, 그것은 시대의 사회성과 교감하여 항시 역사적 연속성이라는 상황 속에서 서로간의 상호작용에 있는 것이다. 이러한 건축의 사회적, 문화적 맥락의 의미는 건축이 총체적인 의미로써 복합성을 띠게 되어야 하며, 환경 속에서 다른 요소들과 서로 관계를 맺고 있어 전체를 구성하는 요소로 파악되어져야 한다는 것을 의미한다.

둘째, **지역성(地域性)**이다. 현재의 모든 건축행위를 관찰해 보면, 먼 과거에는 건축의 창조는 지방적(地方的)인 동시에 보편적(普遍的)이었다는 사실을 알게 된다. 그것은 표현에 있어서는 지방적이었는데 그 이유는 영향을 미치는 많은 지방적 요소들 때문이다. 그러나 그것은 또한 보편성을 띠고 있는데 그 이유는 거기에 인간 요구의 공통분모와 지방문명에 영향을 입지 않는 인간적인 표현이 있었기 때문이다.〈*C. A. Doxiadis, 조창한 공역, 전환기의 건축, 기문당, 1994, p.182*〉

지역적 색채를 띤 설계의 접근 방식은 과거의 것을 보존하고 현존하는 맥락(Context)을 반영하는 건축적 신념과 상통한다. 더욱이 천연자원의 부족과 에너지를 보존해야 할 필요성은 기후적으로 대응할 수 있는 디자인에 힘을 주고 있는데, 여기서 풍토적 성격을 띤 건축은 가장 성공적인 모델을 제시해 준다.〈*S. Stephens, Reginalism and the Vernecular Tradition, Progressive Architecture, 1981, p.76*〉

그림 18  미국의 행정수도 워싱턴 D.C.

그림 19 스위스 리바 산 비탈레 주택, 마리오 보타

그림 20 역사와 문화, 과거와 현재가 공존하는 도시는 활기가 넘친다. 네덜란드 암스테르담

**note17. 진정한 건축(建築)이란 지역이라고 하는 공간(空間) 축과 시대라고 하는 시간(時間)축의 교점에서 맺어지는 시대의 표현물인 것이다.**

셋째, **역사성(歷史性)**이다. 카(E. H. Carr)는 역사를 "현재와 과거의 끊임없는 대화"〈*김기봉, '역사란 무엇인가'를 넘어서, 푸른역사, 2000, p.21*〉라고 하였으며, 베커(C. Becker)는 "우리의 역사는 씌어진 역사가 늘 이바지해 온 이중의 목적, 곧 기억할 만한 인물이나 사건들의 추억을 생생하게 간직한다는 목적에 이바지 한다"〈*양병우, 역사논초, 지식산업사, 1987, p.28*〉고 하였다. 즉, 역사란 본질적으로 말해지고 행해진 일들의 기억밖에는 아무것도 아니라는 것이다. 그리고 과거를 위한 과거의 지식이 아니라 그가 살아가는데 필요한 지식인 것이다.

**note18. 역사(歷史)란 '변하지 않는 것들'을 단순하게 담고 있는 그릇이 아니라 하나의 과정(過程)이다.**〈*S. Giedion, 김경준 공역, 공간 · 시간 · 건축, 시공문화사, 2003, p.5*〉 이렇듯, 직접 다룰 수 있는 대상이 과거 자체가 아니라 그것이 남긴 흔적에 지나지 않지만 과거의 사실을 추리할 수 있는 근거를 제시할 수 있음을 말해준다.

그림 21 과거의 것과 같은 문맥으로 만들어진 현대의 문맥은 과거와 현재가 공존하는 아름다운 도시의 경관을 만들어낸다. 베를린 구도심의 주거프로젝트(IBA), 렘 쿨하스

건축은 어떠한 이해모체보다도 깊은 문화영역 속에 뿌리박고 있는 수단이라는 점에서 그 표현의 동기, 대상, 소재로 인하여 하나의 성격을 띠게 된다. 모든 예술은 역사성을 통하여 발전의 진행방향이 분화됨으로써 외적인 상황이 곧 당면한 양자택일 사이에서 개인적 및 사회적 선택의 동기가 등장하게 되고, 이것은 역사적 과정의 추진력에 결정적인 역할을 하게 된다.*〈박길용, 사회적 콘텍스트로서의 건축, 국민대 환경디자인 연구소, 1982, p.21〉* 현대의 건축물이 현대적 맥락(Context)에만 적합하고, 비현대적인 즉 전통적이거나 역사적인 맥락(Context)을 무시한다고 해서 필연적으로 부적합하게 되는 것은 아니지만, 이것은 자기본위적이며 반사회적인 성격을 드러내기 쉽다. 이렇듯, 건축에서의 맥락 개념은 건물을 둘러싸고 있는 주변 환경뿐만이 아니라, 건물에 영향을 미치는 모든 무형(無形), 유형(有形)의 요소들과의 적절한 관계로 조화를 이루어내는데 필요한 모든 사항을 포괄적으로 뜻한다.

**도시에서 맥락**은 건축 자체에 대해서라기보다는 도시 분석에 관계된 것이다. **게슈탈트(Gestalt)** 이론에 근거한 도시 구조의 형상화 작업을 통해 도시를 구성하는 건물과 그 사이의 상호 의존적인 관계를 드러내며 '도시공간의 성질은 그 주변에 있는 고형부(Solid)의 경향(건물, 건물군 그리고 도시의 블록들)과 이 구성요소들의 규모, 그리고 수직적 요소들 사이의 공지(Void)에 의존하며, 도시의 공간은 주위 고형부(Solid)와의 관계에서 실질적인 실체로 인식'*〈R. Trancik, 이강업 · 진경돈 공역, 도시 공간 디자인의 이론 역사 방법론, 집문사, 1992, p.98~102〉*됨을 보이면서 도시 형성에 관계하는 맥락의 비가시성을 구체화하였다. 즉, 도시 전체를 구성하는 건축적 유형은 주변 맥락에 의해 형성되고 분절되고 합치는 변형의 과정을 거쳐 하나의 실체로

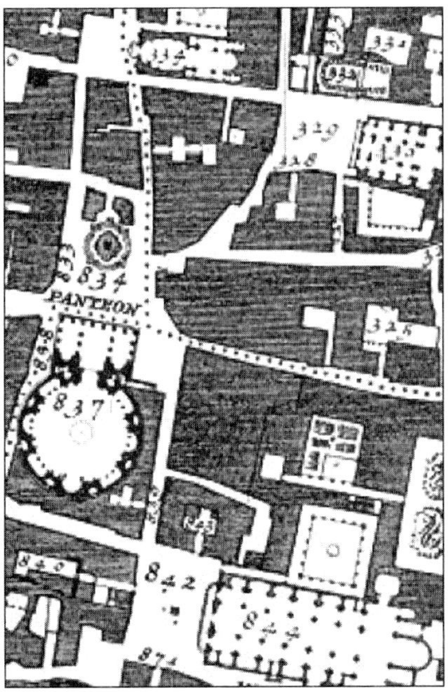


그림 22 Giambattista Nolli
Nolli의 지도는 형상(Figure)과 배경(Ground)의 관계를 통해 도시의 이원론적 속성을 표현(자료출처 : R. Trancik, 이강업 · 진경동 공역, 도시공간 디자인의 이론 역사 방법론, 집문사, 1992, p102)

통합되는 것이다. 하지만, 근대건축과 계획이 실패한 원인은 도시 맥락(Context)에 대한 이해 부족과 그리고, 대상물들 간의 조직보다는 오히려 단일 대상에의 지나친 강조, 그리고 외부 공간에서 내부로 보다는 내부에서 외부로 디자인한 데에 있다〈*C. Jencks, 백석종 공역, 현대 포스트모던 건축의 언어, 태림문화사, 1991, p.112*〉고 한다.

**게슈탈트(Gestalt)**라는 말은 사물의 추상적인 상태나 형상을 의미하는 것이 아니라 그것이 자신의 구조 내지는 체제를 의미한다. 도시디자인 이론에서는 복잡한 도시의 구조(Urban Fabric)를 분석하기 위해 2차원적 해석 방법인 게슈탈트 이론이 주로 차용된다. 또한 게슈탈트 심리학(Gestalt Psychology)에 의하면 문맥이 부분에 의미를 부여하고 문맥상의 변화가 의미상의 변화의 원인이 된다고 한다.〈*R. Venturi, 임창복 공역, 건축의 복합성과 대립성, 기문당, 2000, p.82*〉

게슈탈트적 이미지란 흑과 백의 도형으로서, 어떤 대상의 윤곽선이 지각되는 자극을 두개의 영역으로 나누어 주지만, 이 두 영역의 형은 동시에 관찰되어 질 수 없다는 사실에서 출발하는 것으로서, 형상으로 보이는 쪽을 'Figure'라 칭하고, 그 배경에 해당하는 쪽을 'Ground'라 칭한다. 이때에 적용되는 법칙은 첫째, 닫쳐진 영역이 작으면 작을수록 형상으로 보이는 경향의 면적의 법칙. 둘째, 상호간에 서로 가까이 있는 것들끼리 군화하는 경향의 접근의 법칙. 셋째, 윤곽선으로 닫힌 것이 형상으로 보이는 폐쇄의 법칙. 넷째, 대칭일수록 형상으로 보이는 경향의 대칭의 법칙. 다섯째, 변화나 중단이 적은 것이 형상으로 보이는 연속의 법칙이다.

**note19. 도시맥락은 도시의 물리적 요소와 그 외적인 비 물리적인 구조의 연관성에 의해 형성되는 총체적 양상을 말한다.** 여기서 물리적 요소라 함은 한편으론 복합적인 물리적 테스트를 제시하는 현상화 된 구체적으로 시각적인 것이며, 다른 한편으로는 비 물리적 요소에 대한 추상적 개념들로 이들은 대부분의 경우 비율이 시적으로 표현된 것은 발견하기 어려우나 종합적으로 도시의 실체에 대해 **장소의 분위기(Genius Loci)**를 부여하는 가능성으로 작용함으로써 새로운 환경은 이들과 상호작용을 통해 이루어진다.

In Roman mythology a **Genius loci** was the protective spirit of a place. It was often depicted as a snake. In contemporary usage, "genius loci" usually refers to a location's distinctive atmosphere, or a "spirit of place", rather than necessarily a guardian spirit.

Usage: "Light reveals the genius loci of a place."

Examples of this can be found at St. Giles, Tockenham, Wiltshire http://www.oodwooc.co.uk/ph_tockenham.htm where the genius loci is depicted as a statue in the wall of a Norman church built of Roman material.

Alexander Pope made the Genius Loci an important principle in garden and landscape design with the following lines from Epistle IV, to Richard Boyle, Earl of Burlington:

Consult the genius of the place in all;/That tells the waters or to rise, or fall;/Or helps th' ambitious hill the heav'ns to scale,/Or scoops in circling theatres the vale;/Calls in the country, catches opening glades,/Joins willing woods, and varies shades from shades,/Now breaks, or now directs, th' intending lines;/Paints as you plant, and, as you work, designs.

Pope's verse laid the foundation for one of the most widely agreed principles of landscape architecture. This is the principle that landscape designs should always be adapted to the context in which they are located.

1960년대 초에 도시경관을 구성하기 위하여 맥락, 운동, 위치 등 3가지 수단이 요구된다고 한 고든 쿨른(G. Cullen)〈*D. Smith Capon, Architectural Theory Vol.2, John Wiley & Sons, 1999, p.197*〉, 1963년 장소성의 개념을 현상학적 접근으로 설정하면서 건축적 이해를 위한 중요한 요소의 다섯 번째 범주로써 맥락을 주장한 슐츠(C. Noberg Schultz)〈*K. Nesbitt, Theorizing a New Agenda for Architecture, 1965~1995, Princeton Architectural Press, 1996, p.29*〉〈그림 2-5 참조〉, 1964년 맥락이란 건축 형태에 대해 요구하는 어떤 것으로 정의한 알렉산더(C. Alexander) 등에 의해 일어난 맥락에 대한 관심은 로우에(C. Rowe)까지 영향을 끼쳤다.

당시 기존 형태와 질서를 바탕으로 새로운 형태를 유도한다는 개념으로 사용된 맥락의 개념은 시각적 조화를 주목적으로 하는 유형적 개념의 물리적 측면과 무형적 개념의 비 물리적 측면으로 나눌 수 있다.

그림 23 경계와 영역(Place; enclosure and gathering. Monteriggione, Toscana)

그림 24 B. C. Brolin의 맥락을 적용한 건축물 사례
(자료출처:B. C. Brolin, 박두용 공역, 맥락적 건축, 세진사, 1996, p108)

브롤린(B. C. Brolin)에 의하면 이는 부지 주변 환경과의 관계에서 경관에 대해 고려하는 형태적 맥락과 사회적 맥락으로 크게 나뉘어 생각할 수 있다고 하였다. 형태적 맥락이란 시각적 맥락의 결정 요인으로 주변과의 공간 관계가 건축물을 설정토록 하는 조합의 원리를 말하며, 사회적 맥락이란 인간과 건물 관계로써 문화적, 역사적 맥락을 의미한다.〈*D. Smith Capon, Architectural Theory Vol.2, John Wiley & Sons, 1999, p.188~189*〉 그는 대부분의 포스트모던 건축이 인접 환경과의 동질감보다는 역사적 상호작용이 강조된 의미의 맥락에 편중하고 있다고 지적하면서 시대의 정신에 관련된 사회적 맥락보다는 장소의 정신에 관한 형태적 맥락을 고려하는 것이 바람직하다고 하였다.

와그너(W. F. Wagner)는 맥락에 주변 환경이 고려된 인공적 요소와 자연적 요소, 그리고 과거 경험으로부터 나오는 친숙한 이미지를 포함하여〈*W. F. Wagner, Conservation in The Context of Change, Progressive Architecture 1974, p.85*〉, 맥락적 요소를 가시적인 영향을 미치는 물리적 측면과 기억에 잠재하여 있는 비 물리적 측면으로 나누었고, 쉐인(G. Shane)도 물리적인 요소 외에 기억, 시간, 문화 등 역사와 문화에 바탕을 둔 비 물리적 맥락(Context)을 포함시켰다.〈*G. Shane, Contextualism, Architectural Design, 1976, p.678*〉

크리에 형제(R. Krier, L. Krier)의 경우는 외부공간의 **유형학적 접근**을 보여주고 각각의 장소들이 취할 수 있는 고전적인 형상들의 유형에 관심을 보이고 있다. 그들은 이전 도시에서 나타나는 광장, 가로 등의 도시 조직의 유형을 분석, 정리하고서 이를 모델로 해서 건축 작업을 진행하고 있다. 그림이 보여주듯 이들의 주된 관심은 광장과 가로의 유형인데, 이는 고전적인 광장 등으로 인식되는 외부적 도시를 만들어내는데 열중하는 것이다. 그리고 꼴라쥬 시티(Collage City)에서 로우(C. Rowe)는 파르마(Parma)와 생디(Saint_Die)계획안을 형상(Figure)/배경(Ground) 도면으로 분석해 내면서 오브제적인 근대를 비난하고, 솔리드와 연속적인 체계가 만들어 내는 에너지에 주목할 것을 주문하고 있다.〈*C. Rowe & Fred Koetter, Collage City, MIT Press, Cambridge, 1995, p.62~63*〉 이들은 백색의 외부에 더욱 관심을 갖고

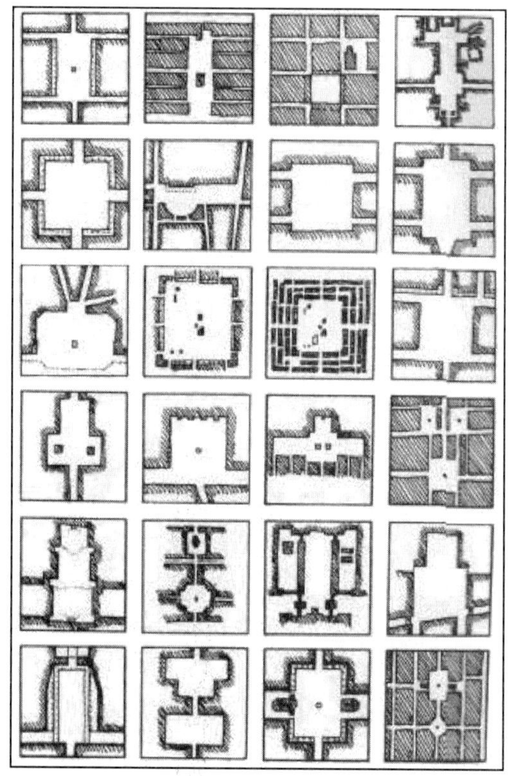

그림 25 직각의 광장 평면
(자료출처 : R. Krier, 김주성 · 진경돈 공역, 도시공간 디자인론, 미건사, 1995, p33)

있음을 보여준다. 그러나 로우(C. Rowe)가 근대를 오브제적이라고 비난하는 것은 그가 이전 도시의 오브제적인 알갱이들의 조직을 말하는 것처럼 건축 자체로 본다면, 오브제의 틀을 벗어나지 못하고 있는 것으로 봐야 할 것이다. 이는 그가 제시하고 있는 형상(Figure)/배경(Ground)의 근원이 되는 과거의 흑/백은 단순히 건물과 건물이 없는 곳을 구별하려는 것이 아니기 때문이다. 이것은 도시조직을 하나의 텍스트(Text)로서의 역할을 뜻한다.

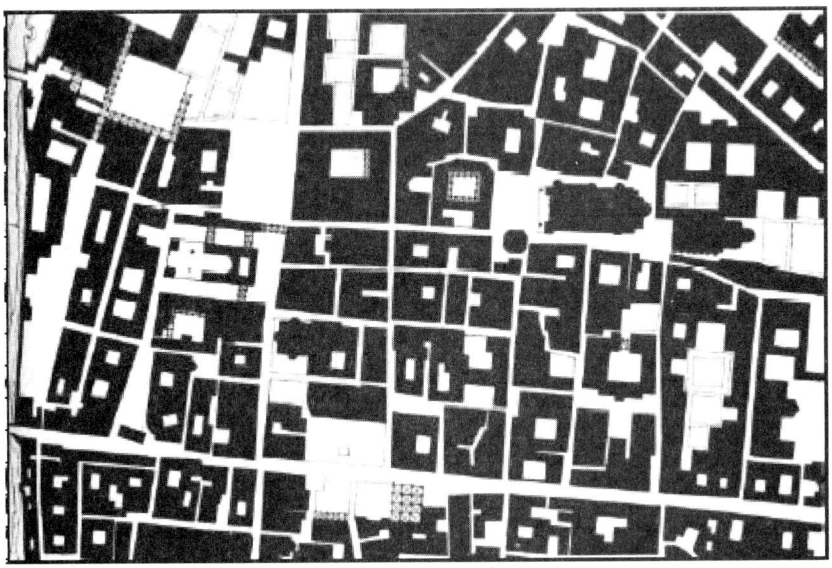
그림 26 파르마 형상/배경도

케빈 린치(K. Lynch)는 「도시환경디자인」(The Image of the City)〈*K. Lynch, 한영호 · 정진우 공역, 도시환경디자인(The Image of the City), 광문각, 2003*〉에서 이미지화(Imageable, Apparent, Legible, 또는 Visible)와 이미지의 도출을 위한 방법론을 찾아내려는 시도를 하고 있다. 그리고 이미지의 발견을 실제적으로 도시설계에 적용하려

했다. 이 이미지는 즉시 느낀 감각과 과거의 경험으로 생긴 기억의 생산물인 것이다. 그리고 그 이미지는 정보를 해석하거나 어떠한 행동을 이끌어내는데 이용된다. 그렇기 때문에 우리 주변 환경을 인식하고 패턴화 시키는 것은 매우 중요한 일이다. 또한 과거로부터 긴 뿌리를 가지고 있는 이러한 이미지들은 개개인에 있어서는 실제적인 면과 감정적인 면에서 중요성을 가지고 있다.〈*K. Lynch, 한영호 · 정진우 공역, 도시환경디자인(The Image of the City), 광문각, 2003, p.14*〉

린치(K. Lynch)는 사람들이 도시환경에 대한 이미지맵(Image Map)을 그리는데 물리적인 형태라고 할 수 있는 기본요소로써 다섯 가지 유형을 언급하였다.

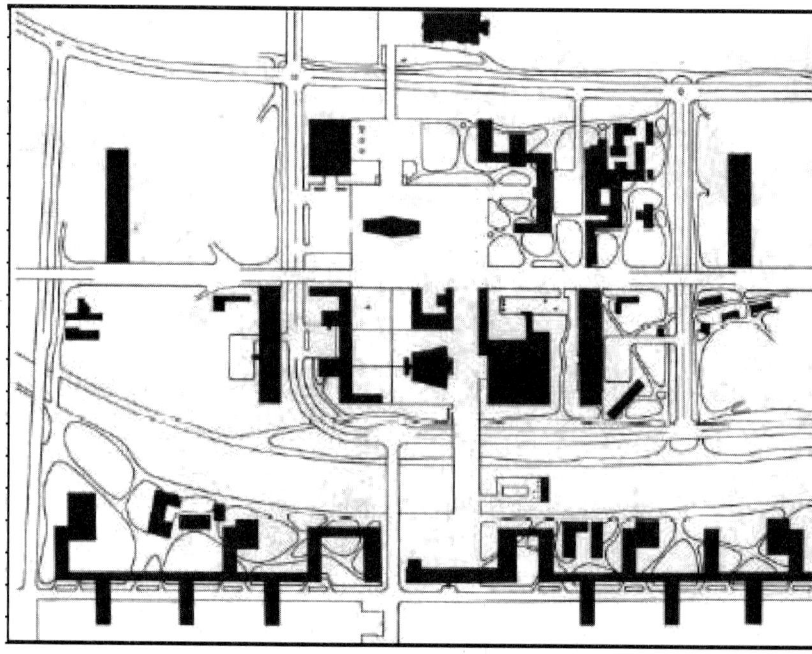

그림 27 르 꼬르뷔제 생_디 계획안의 형상/배경도

**note20. 즉, '통로(Paths), 가장자리(Edges), 지구(Districts), 결절점(Nodes), 랜드마크(Landmarks)' 라는 기준을 정하였다.** 이는 도시 자체를 이미지의 반복으로 느껴 사람의 움직임에 따라 인지하기 쉬운 요소로써 도시를 읽는 도구로 사용하였다.

크리스토퍼 알렉산더(C. Alexander)는 「도시는 나무가 아니다」〈그림 2-11 참조〉라는 논문 〈*C. Alexander, A city is not a tree, edited by Richard T. LeGates and Frederic Stout, The City Reader, Routledge, 1996, p.118~131*〉을 통하여 기존의 계획된 도시가 황량하고 무미건조한 이유를 도시 자체가 수형구조(Tree Structure)를 가지고 있기 때문이라고 하였다. 그는 이 논문에서 도시란 서로 간에 기능을 분리하는 명확하게 가지를 치는 나무 같은 조직으로 설계되어져서는 안 된다는 점을 분명히 주장하고 있다.

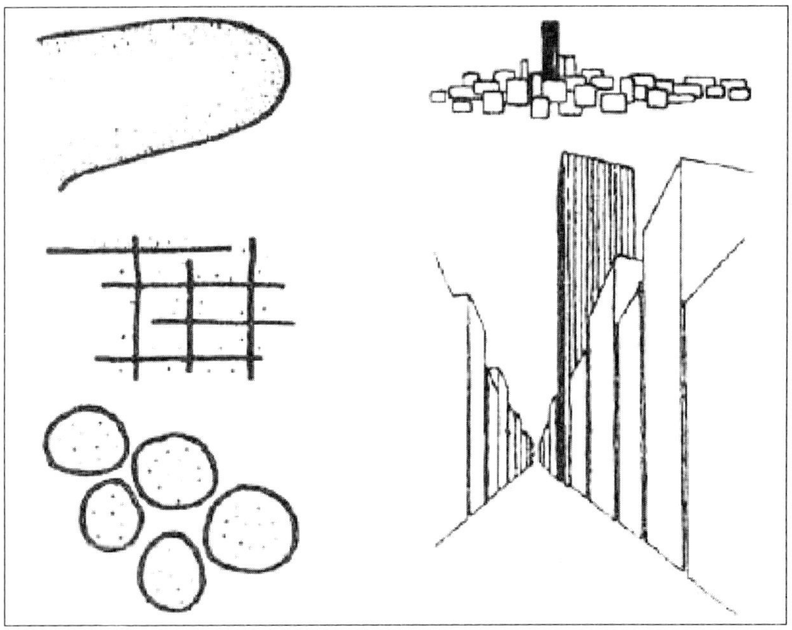

그림 28 도시 이미지를 추상화해 표현한 K. Lynch의 스케치
(자료출처 : 이규목, 한국의 도시경관, 열화당, 2002, p129)

**note21. 알렉산더는 불연속적으로 한계 지어진 근린을 배치하고, 어느 지역을 주거지로, 어느 지구는 업무지구로, 또 어느 지구는 대학이나 문화시설을 배치하는 등의 명확하고 깔끔한 도시 계획안을 비난하고 있다.** 그는 인간의 행동은 그 보다 더 복잡하고 중첩적이라는 사실을 직시하고 있다. 그러므로 위계적 구성을 갖는 수형구조를 인간의 다양한 행동특성을 담아내는 대단히 확산적이고, 유기적인 특성을 갖고 있으며, 이로 인해 도시를 구성하는 각 구성요소들은 서로 다른 층에 중첩되어지는 등 다양한 선택이 존재한다는 것이다.

도시 형태는 개개의 형태구성 요소들이 지니는 성격과 요소들의 배치 중심의 집합화 라는 두 가지 측면으로 구성된다.

〈*Dickinson, R. E., The Western European City, Routledge & Kegan Paul Limited : London, 1961, p.16*〉 형태요소들의 집합화 측면에서 도시 형태는 필지, 건물, 공간이라는 형태요소들이 조합되어 도시조직(Urban

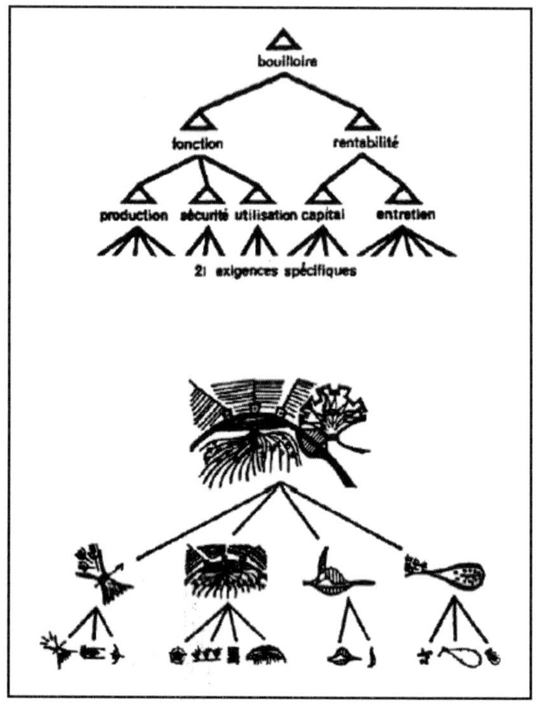


그림 29 나무구조로서의 도시에 대한 개념도
(자료출처 : 이준표, 도시의 건축, 태림문화사, 1998, p78)

Tissue, Plan Unit)을 형성하고〈*단위필지를 기준으로 건축물과 공간이 조합되어 형성된 형태조합체를 도시 형태단위(Morphological Unit)로 명명한다면 도시 형태세포(Morphological Cell)가 토지이용과 결합되고 부지의 자연적 여건과 함께 기원론적으로 가장 동질지역을 만들기 위하여 지역적으로 결합된 단위로서 도시경관세포(Landscape Cell)를 형성하고 이들이 다시 위계적으로 조합되어 도시경관단위(Landscape Unit)와 내부도시지역(Intra Urban Region)을 구성한다*〉, 이들이 모여 도시구역(Plan Division 또는 평면구획, 도시 형태구획), 형태지역(Morphological Region)으로 진화하는 위계적 구성 체계를 지닌 것으로 인식된다. 이렇듯 도시는 개개의 요소들이 모여 하나의 큰 요소로 작용하며 이 요소들이 다시 모여 또 다른 요소로 작용하고 있다. 그래서 도시의 형태위계를 구성하는 다양한 위계요소(형태단위)들은 기본적으로 공간, 필지, 건물의 조합방법에 따라 차별적인 성격을 지니게 되는데, 서로 다른 시기의 문화적 특성과 결부되어 나타난 고유의 조합방법이 도시 형태의 한 층(Layer)을 구성하는 형태시기(Morphological Period)〈*형태 시기는 문화경관에 기여하는 물질적 형태의 특수성을 갖는 역사적, 문화적 시기와 동일하며 왕조와 같은 정치적 시기에 기초한 절대적 시간개념이 아니라 지리학적 공간에서 역사, 문화에 의해서 특수하게 만들어진 물질적 형태의 혁신이 확산된 상대적 시기를 의미한다. 유주형 · 이규목, 유형형태학적 도시경관 연구방법의 이론적 고찰, 도시설계 4권 1호, 한국도시설계학회, 2000*〉를 형성하게 된다. 결국 도시공간은 형태시기에 따라 고유한 형태 요소들의 조합체계를 지니는 형태단위구역들이 모자이크화, 적층화된 결과물로 인식되는데, 위계요소(단위구역)들 가운데 특히 도시조직이나 도시구역은 도시발달과정과 관련한 형태시기를 분석하는 유용한 단위가 된다.

## 2. 도시의 물리적 구성요소

**note22.** <u>맥락(Context)에 관련된 물리적 인자들은 주변 환경의 물리적 상태에 관계한다. 자연환경의 물리적 상태와 밀접한 관계를 갖고 있으며 건축설계에 보다 직접적인 영향을 미치는 인간의 인공적 활동에 의해 형성된 환경과의 관계를 갖는 인위적 요소로 구성한다.</u>

인공적 요소는 사람의 인위적 활동에 의하여 형성된 환경으로써 주로 디자인 요인들로 구성된다. 즉, 주변건물의 스케일, 재료와 색, 창과 문의 배치, 크기, 비례, 매스와 볼륨, 스카이라인, 높이, 파사드(Facade), 장식, 지면과의 대응방식, 패턴, 그리고 건축물들과 그 사이의 빈 공간으로 구성되는 도시적 구조 등으로 구성된다. 이 요소들은 서로 크거나 혹은 작게 관계하며, 맥락(Context)을 이루는데 직접적인 검토대상이 되고, 또한 설계에 응용될 수 있다.

도시를 구성하는 형태요소들의 특성을 기초하여 전체 도시지역을 다수의 형태단위 구역으로 구분하고 이를 토대로 도시발달 과정을 해석하거나 설계 방향을 모색하는 것은 도시 형태 연구에서 자주 채용되는 접근 방법의 하나이다.*〈류광남, 근대 도시화과정에서 나타난 군산 도시조직의 공간적 특성에 관한 형태학적 연구, 원광대 석론, 2000, p.5~6〉*

그림 30  대도시 뉴욕의 모습

**note22. 도시를 구성하는 형태가 지니는 의미는 기본적으로 개개시기의 사회 문화적 특성이나 물리적 여건을 반영한 결과물로써 형태요소들의 속성은 시기별, 지역별로 차별성을 지닌다는 점에 있다.**

이것은 역으로 형태 요소들의 속성을 통하여 도시를 해석하거나 도시발달의 문화적 특성을 이해하는 토대를 제공할 수 있다는 점을 의미한다. 형태학적 접근방법에 기초한 도시는 도시구조에 내재되어 있는 고유의 물리적, 비 물리적 특성에 따라 지역에 따라 접근방법을 취하고 있다.

**note23. 건축물은 도시 형태를 구성하는 가장 기본적인 요소 중의 하나이다.**

건축학적 측면에서 건축물은 대지라는 주어진 범위 내에서 독립된 존재이지만, 도시 계획 및 생태학적인 측면에서 도시의 일부분을 이루는 개체로서의 속성을 지닌다. 건축물은 필지와 가구, 가로라는 요소들과의 맥락 속에서 입지하게 되어 유기적인 도시 형태를 분석하기 위한 기초적 구성단위라 할 수 있다. *〈이주형, 도시 형태론, 보성각, 2001, p.44〉*

기본적으로 건축물은 하나의 대지 안에 세워지게 되며, 대지의 평면적 형상에 대한 접근으로써, 건축물이 대지에 접근하는 방법은 크게 두 가지로 나누어 볼 수 있다. 첫 번째 방법은 대지 경계선이나 대지를 에워싸는 도로 윤곽선과 건축물의 외부를 일치시키는 것을 말한다. 이것은 대지 경계선의 폐쇄적 표현으로 **도시의 채움(Solid)**으로 간주되기도 한다. 두 번째 방법으로 대지 경계선을 모두 에워싸지 않고 대지의 일부분만을 점유하는 경우이다. 이러한 표현은 도시의 물리적 구조를 수용함과 동시에 **도시에서의 틈(Void)**으로 작용한다.

그림 31 도시의 채움의 형식. 파리 구도심

그림 32 도시의 틈의 형식(멀리 센트럴 파크가 보인다). 뉴욕 맨하튼

개별 건축물은 도시를 구성하는 집합적인 군으로 존재한다는 점에서 다양한 시간의 층위를 보여준다. 건축물은 한번 지어지면 그것의 가치 여부와는 상관없이 상당한 기간 동안 존속하게 된다. 그런데 우리나라의 도시처럼 전 근대적인 도시가 급격하게 근대적인 도시로 변모하는 과정을 거친 경우는 시대적 연원을 달리하는 여러 지층의 건축물들이 뒤틀리고 뒤섞여 만들어 낸 혼합체로 구성된다.〈*강홍빈, 한국도시론, 한국도시연구소, 박영사, 1998, p.172*〉 수백 년의 역사를 가진 고전적인 건축물들이 도시 중심부의 여기저기에 섬처럼 존재하고 그것과는 전혀 다른 의미와 기능을 담은 근대적인, 혹은 탈근대적인 형태의 건축물들이 도시의 주된 인공 환경을 이루고 있다. 이 둘 사이의 시간적 간격을 설명해 줄 수 있는 건축물들은 거의 존재하지 않고 있으며 이것은 끊어진 지층의 모습을 보여주는 하나의 단면일 것이다. 이렇게 시간적으로 혼재된 도시건축의 모습은 근대화 과정에서 빠르게 변모해온 우리사회가 여전히 전근대적인 가치관과 근대적인 가치관이 대립하는 가운데 탈근대적인 가치관이 등장하고 있는 혼란 속에 놓여 있는 모습을 시각적으로 보여주는 듯한 인상을 주고 있다.

건축물은 도시에 있어서 단순히 물리적으로 공간을 구성하는 요소로써 존재할 뿐만 아니라 도시에 있어서 인간의 생활과 도시의 기능과 활동을 규정하고 또한 표현한다.

건축물은 그 크기나 형태뿐만 아니라 그 성격이나 기능까지도 표현하고 있으며, 나아가서 건축물에 설치된 간판은 건축물과 한 몸이 되어서 내포하고 있는 행위(Activity)까지도 정보화해서 발산한다.

그림 33 쇼핑을 위한 거리, 일본 오사카

그림 34 건물과 더불어 간판은 그 도시의 성격을 내포하기도 한다. 일본 후쿠오카

그러나 건축물이 획일적으로 이루어지면 도시자체가 단조롭게(획일화) 될 위험도 안고 있다. 이러한 건축물들이 도시에서 개별적으로 작용하기보다는 집합으로써 주변상황과 단일의 개체로 작용한다. 즉, 하나의 독립된 요소보다는 전체가 하나의 요소로 구축되어진 이미지로 간주된다.

**오픈 스페이스(Open Space)**는 건축물에 의해 점유되지 않은 모든 토지를 포함한다. 따라서 모든 오픈 스페이스에는 공원, 놀이터와 같은 전형적인 공간은 물론, 도로, 보도, 개인정원, 주차장 등도 포함된다. 더욱이 오픈 스페이스는 구조물이 들어서지 않는 공간(unbuilt up land)만을 의미하는 것이 아니라 사용됨으로써 사람들에게 즐거움을 줄 수 있는 영역을 포함한다.〈*김철수, 단지계획, 기문당, 2003, p.249*〉

도시에서 오픈 스페이스(Open Space)는 기본적으로 개방 시스템(Open System)으로서 인간행동을 한정시키고 결정하기보다는 행태의 지원성(Affordance)〈지원성은 활동하고 의미를 갖고자 하는 인간에게 어떤 것(Anything), 물리적(Material), 또는 비물질적(Immaterial)인 것을 통해 어떠한 형식과 종류를 제공하는 것을 뜻한다.(Gibbsin, 1979) 환경은 인간 행태의 지원성으로 가득 차 있다. 환경을 인간행태의 지원자(Affordanter)로서 어떤 행위가 이끌어질 수 있도록 선택 가능한 것으로 구성되어 있다. 즉, 행태에 대한 일련의 기회로 구성되어 있음을 뜻한다. 지원성은 성실, 동기, 경험, 가치 그리고 주변세계에 관한 미적해석과 특별한 활동 등에 참여함으로서 지원받을 수 있다. 인간과 환경의 상호관계, 잠재성, 사용자성향, 동기 등이 고려되지 않은 환경적 구성은 지원할 수 있는 것이 무엇이든 간에 어떠한 행동은 발생하기 어렵다. 따라서 예술 활동, 도시창조, 재개발, 건축, 공원, 광장 및 새로운

그림 35 도시속의 또 하나의 도시가 존재한다. 서울 인사동 쌈지길

시스템을 조정하는 근본적인 이유는 기존 혹은 잠재적인 인간 행위의 비예측적인 경향에 대비하기 위해서이다. *J. Lang, Creating Architectural Theory, N.Y; VER Co., p.100~108*〉과 개연성(Probability)을 강화시키는 공간이고, 공공적, 준공공적 영역인 시대적 도시공간의 세부구조를 구성하는 기본요소이다.

도시공간에는 길이나 광장(특히, 광장은 공적 공간 중에서 독특한 요소임) 같은 공적 공간과 중정, 정원, 마당과 같은 사적 공간으로 구분된다.

**note24. 광장은 비워진 부분과 주변의 채워진 부분과의 관계에 의한 두 가지 유형이 있다. 첫 번째 비워진 부분이 적극적(또는 능동적)이고 채워진 부분이 소극적(또는 수동적)인 성격을 갖는 기하학적 형태의 광장과, 둘째는 이와는 반대로 채워진 부분이 적극적이고 비워진 부분이 소극적인 성격을 갖는 나머지 형태의 광장이 그것이다.** 첫 번째 경우는 광장의 모양이 우선되는 경우로써 광장의 분위기가 주가 되는 경우이고, 두 번째 경우는 건물의 모양이 우선되는 경우로써 건물의 이용이 우선되는 경우이다. 그것은 도시 계획의 범위가 확대됨에 따라 물리적 계획을 사용할 기회가 많아진 것이다. 물리적 계획의 역할의 변천은 그것의 정의의 변천에 의한 것이다. 전통적인 물리적 계획의 의미는 공적 및 사적인 물리적 재정비에 대한 설계와 규제에 초점을 두고 있다. 현재 넓혀진 도시 계획의 범위는 물리적 계획의 내용과 목적의 더욱 넓은 해석을 필요로 한다.

그림 36 성당과 비워진 광장은 사람들로 채워진다(비워진 부분이 적극적인 경우), 이탈리아 베니스 산 마르코광장

그림 37 성당과 비워진 광장은 사람들로 채워진다(비워진 부분이 적극적인 경우), 이탈리아 베니스 산 마르코광장

그림 38  채워진 부분이 적극적인 경우의 도시 형태, 이탈리아 페루자

그림 39 채워진 부분이 적극적인 경우의 도시형태, 이탈리아 밀라노

오픈 스페이스(Open Space)란 주로 사람들이 평소의 번잡한 환경으로부터 탈피하여 자연적 풍경에서 정적인 위락을 요하는 장소를 의미했으나 이후에는 점차 정적인 활동은 물론 능동적인 위락활동의 의미가 첨가되었고 현대에 이르러서는 도시환경의 악화에 따른 환경보존의 측면에서 완충녹시의 의미도 포함하게 되었다. 긴장과 혼란이 연속하는 생활 속에서 변화와 휴식을 구하는 도시 내에서의 생활에 있어서 긴장을 다소나마 완화시키고 쾌적한 분위기를 조성하여 만남과 휴식의 장으로써 또, 도시민의 생활과 밀접한 관계를 가지고 있는 부분이 바로 도시 내 오픈 스페이스라고 말할 수 있으며, 이는 사회적 커뮤니케이션(Communication) 공간으로서의 기능이 매우 중요한 의미를 갖게 되었다는 것을 의미한다.

오픈 스페이스(Open Space)를 계획하고 배치시킴으로써 사람들이 모이게 하는 중요한 기능을 수행할 수 있게 하는 것이다. 여러 종류의 오픈 스페이스의 배치와 인간 존재 기능에 관한 계획에 대해서 더 깊이 인식할수록 오픈 스페이스는 더욱 사려 깊고 효과적인 공간이 되며, 나아가 도시민의 문화적 흐름도 바꿀 수 있다. 즉 평안한 휴식이나 혹은 적극적인 육체적 활동의 장소를 제공할 수 있고 심리적인 쾌적성을 줄 수 있으며 그 자체가 교육적으로도 이용될 수 있다. 이렇듯 인간의 개인적 공간 세계에 관한 실존적 공간과 관련되어 왔으며, 이러한 실존적 공간은 기존 건축적 공간과의 상호 자용을 통해서 창조된다고 할 수 있다.

그림 40 오픈스페이스는 비워진 또 하나의 건축물이다, 이탈리아 페루자

그림 41  내부 같은 외부 공간, 이탈리아 루카의 소 광장

블록(Black) 내의 공지는 광장과 같은 공적인 용도와 중정, 또는 마당과 같은 사적인 용도의 공지와 블록 내의 건물로의 진입을 위한 **도로**가 있을 수 있다.

도시에 있어서의 도로는 단순히 사람이나 물건의 수송에 소용되는 것뿐만 아니라 다음과 같은 점에 있어서도 중요한 구실을 하고 있다. *〈여정태 외1, 도시계획 교과서, 대우출판사, 1995, p42〉* 첫째, 도시에는 여러 가지 도로가 존재하고 있는데 그 가운데에서 간선도로는 도시의 구조를 형성하는 기본적인 시설이 되어 있다. 둘째, 도로 양 사이드의 보도 부분에는 전기 및 전신전화 등 여러 시설이 있고, 노면 아래에는 지하철, 지하상가, 상하수도, 가스시설 등이 매설되어 있는 경우가 많아서 도로는 각종 공공시설에 이용되는 띠 모양의 다목적 이용공간으로써의 역할을 다하고 있다. 셋째, 연도의 건축물의 대해서는 통풍, 채광 등의 공지적인 효과를 다하고 있음과 동시에, 그밖에 보안, 방화, 방재 등에 소용되는 중요한 시설로 되어 있다. 넷째, 도로는 연도의 개발에 의해서 시가지화를 촉진하는 중요한 기능을 수행하고 있다. 즉, 도로가 새로이 개설되면 연도의 토지이용이 제한되어 있는 구간은 따로 하고 지금까지의 농지는 택지로 또 주택지는 상업지로 토지이용의 변화를 가져오게 된다.

블록 내의 도로의 합리적인 형성을 위해서는 도로와 건축물과의 관계 및 도로와 대지와의 관계에 의해 설정되어져야 한다. 이러한 관계의 설정은 부지의 규모, 형상뿐만 아니라 건축물의 배열, 배치 등 건축물 그 자체의 형태에 대해서도 결정적인 영향을 준다.

그림 42　청수사(Kiyomizu-dera)로 진입하는 공간, 일본 교토

그림 43 인천 구도심, 자유공원으로 향하는 도로변으로 도시가 형성되어 있다.

ラジャ・ファッション
RAJA FASHIONS
LEE GARDEN GUEST HOUSE
利園旅店
3/FL
土産糖果屋
Country's Tid-Bits & Candies Cottage
LEE GARDEN GUEST HOUSE
FASHIONS
Japanese Dining Bar
En
MEDICINE
1/F
2004/08/22

그림 44 홍콩 번화가

**note25. 이동의 체계는 항상 도시 형태를 결정하는 기본적인 요소이다.** 이동체계 또는 도로 용지는 항상 공공의 소유이며, 이 체계는 서로 다른 종류의 교통의 흐름을 연결해 주는 경로일 뿐만 아니라 또한 공공공간과 사적공간을 구분하는 역할을 하기도 한다. 자동차든지 사람이든지 간에 도시체계는 항상 두 종류의 기하학적 형태를 갖게 된다. 즉 그물 형태와 나뭇가지 형태인데 이 두 형태의 차이점은 명백하다. 그물 형태는 어떤 임의의 한 선을 따라 자르더라도 둘로 나누어지지 않지만 오히려 나뭇가지 형태의 체계는 한 선을 따라 자르면 이 체계는 두 개의 관련이 없는 부분들로 쪼개져 버린다.

도로는 대지를 서로 이어주는 역할을 수행하고 도시의 물리적 형태에 영향을 주는 요인이라 할 수 있다. 도로의 개수는 건물의 형상과 관계있으며, 가구에 면하는 도로의 종류와 기능에 따라 도시의 물리적 형태의 특성변화를 파악할 수 있다.

## 3. 도시에서의 장소(場所)

장소는 계속해서 쌓여가는 시간 속에서 여러 가지 사건들이 행해지는 곳이고, 한 인간 집단이 하나로 통합되는 기반이다. *〈향산수부(香山壽夫), 김광현 공역, 건축의장강의, 도서출판 국제, 2001, p.141〉* 그래서 사건이 반복되고 쌓여서 마을이 만들어지고 도시가 생겨난다. 즉 도시란 사건들의 중첩에 의해서 만들어졌고, 도시라고 불리는 것과 풍경이라고 불리는 것의 대부분은 이러한 지형에 대한 인간의 호응이 겹쳐지고 기억이 집적된 장소이다.

**note26. 이렇듯 도시에는 의미 있는 사건과 무의미한 사건들이 공존하며 사건들은 반복(反復), 소멸(消滅), 충돌(衝突)하면서 도시에 쌓여간다.** 그런데 현대도시는 도시에 존재하는 사건, 기억, 흔적, 경험 등을 무시하는 경향이 있다. 그래서 어떤 도시를 가든지 유사한 인상을 받게 되고 '이 도시'와 '저 도시'가 왜 다른지를 알 수 없는 상황까지 왔다. 그것은 도시를 형성하는 가장 중요한 대상은 도시에 거주하는 거주자라는 것을 인식하지 못한 결과라고 할 수 있다.

도시는 다양한 사건들이 발생하는 장소이다. 이런 사건들은 도시에 거주하는 거주자들의 행위와 움직임에 의해서 발생하며 장소에 영향을 준다. 그리고 거주자들은 장소를 통해서 사건을 경험하게 된다. 여기서 사건에 대한 경험의 방법을 두 가지로 나눌 수 있다.

하나는 사건에 대한 객관적 지식으로 책을 통한 지식의 습득이나 말로 전수되는 전수에 의한 경험이다.

또 하나는 사건에 대한 주관적 체험으로 몸에 의한 직접적인 경험이다. 객관적 지식에 의한 경험은 과거에 일어났던 사건에 대한 간접적인 경험이다. 그리고 주관적 체험에 의한 직접적인 경험은 신체에 의한 경험이다. 도시는 도시에 거주하는 사람들에 의해서 해석되고 채워지는 장소로 사람들의 경험이나 체험 그리고 사건에 의해서 만들어지는 장소라고 할 수 있다. 그리고 이런 도시장소를 역사적인 의미를 가지는 역사적인 장소와 미확성적인 사건에 의해서 채워질 장소인 미정성의 공간으로 구분할 수 있다.

그림 45 한스 홀라인의 하스하우스, 성 스테파노 성당과 대립적으로 서서 서로에게 작용을 하고 있다, 오스트리아 비엔나

그림 46 판테온성당 앞 광장과 카페테리어, 이탈리아 로마

그림 47 항상 여행객으로 붐비는 시뇰리아 광장, 이탈리아 피렌체

**note27. 역사적으로 의미가 있는 역사적인 장소는 도시의 형성에 배경지식으로 작용한다.**

배경지식으로 작용한다는 것은 도시 구조와 의미에 직접적인 영향을 끼치는 장소이다.

또한 역사적인 장소는 과거에서 현재로 넘어왔으며 미래로 넘어갈 가능성이 통시적인 장소로 도시에서 지속성을 가지고 있는 장수이다. 그래서 현재의 시람들은 역사적인 장소를 경험하지 않아도 언어, 책, 흔적, 기억 등을 통해서 계속 경험하게 된다. 그리고 역사적인 장소에는 역사적인 의미가 있는 건축물, 기념물 그리고 역사적인 사건이 일어난 지역 등을 언급할 수 있다.

예를 들어 동학농민운동이 일어났던 장소, 독립운동이 일어났던 장소, 그리고 민주화운동이 일어난 장소 등은 역사적인 장소라고 할 수 있다. 이런 장소들은 사건의 의미를 되새기기 위해서 수식어가 붙게 된다. 동학농민운동의 발상지인 충청북도 보은, 기미독립선언서를 낭독한 탑골공원, 민주화의 꽃을 피운 광주 등으로 역사적인 사건이 발생했다는 것을 알 수 있게 한다.

**미정성의 공간**은 우연한 사건이나 미확정적인 사건들의 반복과 충돌이 일어나는 공간으로 일시적이고 한 시대에만 영향을 주는 공시적인 공간이라고 할 수 있다. 그래서 역사적인 장소보다는 도시에 적은 영향을 주는 유동적인 대상으로 존재하는 공간이다. 그러나 미성성의 공간은 일시적이고 순간적인 사건에 의해서 채워지는 공간이므로 사람들이 쉽게 인식하지 못하거나 임의적인 공간의 성격을 가지고 있다.

그림 48 유엔빌딩 앞 광장, 미국 뉴욕

로만 잉가르덴(R. Ingarden)에 따르면 문학 작품은 확정적이거나 자율적인 것이 아니라, 의식의 행위에 의존하는 대상이다. 문학 작품 속에 있는 여러 층과 차원들은 독자들이 완성시켜야 할 하나의 얼거리 또는 '도식화된 구조'를 형성한다. 따라서 모든 문학 작품 속에 재현되어 있는 대상들은 의미의 단위나 국면들로부터 지향적으로 투사되는 미확정의 '지점'이나 '점'이나 '장소'를 보인다. *〈길성호, 수용미학과 현대건축, 시공문화사, 2003, p.65〉* 하나의 작품 속에는 수용자에 의해 채워지는 수많은 미정성의 틈들이 존재한다는 사실이다. 즉 미정성의 영역이 존재한다는 개념은, 건축의 텍스트성과 의미의 다양성, 지각과 생소화 수법의 가치를 인식하고 있는 건축가들의 작품과 디자인의 접근 태도를 이해하는데 매우 유용하다. 왜냐하면 텍스트로서 건축 작품의 효과구조에 내포된 미정성의 많은 틈들은 수용자의 지각과 해석과정을 거쳐 건축적 의미를 더욱 풍부하게 하는데 기여하기 때문이다.

그리고 미정성의 공간은 철학에서 말하는 객관적 선험의 공간이라고 할 수 있다. **후기구조주의**에서는 객관적 선험을 문화와 자연 사이에 존재하는 '제3의 층'이라고 말한다.

구조주의 사유는 19세기 이래 전개되어 온 서구 형이상학의 두 갈래, 즉 '생성'의 사유와 '주체'의 사유를 정면으로 논박하면서 등장했다는 점에서 서구 철학사에 있어 또 하나의 분기점을 이룬다. 구조주의 사유는 우리가 이 세계에서 경험하는 현상들이 아무리 다양하고 복잡하게 보인다 해도, 그것들이 내포하는 어떤 구조가 존재한다고 본다. 구조주의라는 사유는 어떤 한 사상가에 의해 만들어진 것이 아니라 개별적인 것들이 하나의 느슨한 전체로써 형성되어 간 사조이다. 다시 말해 언어학은 언어학대로,

그림 49 캄피돌리오 광장, 이탈리아 로마

인류학은 인류학대로, 정신분석학은 정신분석학대로 각자의 영역에서 구체적으로 연구한 성과들이 서로 교차하면서 형성된 사조이다. 그러나 구조주의는 인간을 포함한 세계의 객관적 법칙성을 발견하려 하는 '합리주의 사유'와 변증법과는 달리 개별 분야들이 서서히 얽히면서 형성된 '밑으로부터의 사유', 시간보다는 공간을 중시하는 '결정론적 사유', 현상학적 내면성을 부정하는 '바깥의 사유'에 대한 한계를 드러내게 된다. 그래서 후기구조주의는 구조주의가 발견한 '장' 개념은 중요하게 생각하지만 합리적인 사유와 공간을 사유하는 것에는 비판적인 태도를 취한다. 그리고 구조주의의 '장' 개념에 우연, 시간, 불연속 등의 도입으로 보다 역동적이고 다원적인 사유로 만든다. *이정우, 사건의 철학, 철학아카데미, 2003, p.29~53*

이것은 물질의 층위와 문화의 층위 중간에 또 하나의 층위, 장(場)이 있다는 의미이다. '제3의 층'을 질 들뢰즈(G. Deleuze)는 **'형이상학적 표면'**으로 미셸 푸코(M. Foucault)는 **'언표장(言表場)'** 이론을 말하고 있다.

질 들뢰즈(G. Deleuze)에게서 의미란 표면효과로써의 사건이다. 더 정확히 말해 사건과 동시에, 그것에 붙어서 발생하는 현실화이다. 하나의 사건이 일어나는 것은 물체적 운동과 공간적 운동이 일어난다. 이때 이 운동이 표면에서 발생하는 것이 의미이다. 사건은 이 표면에서 발생하며 이때 의미도 발생한다. 들뢰즈(G. Deleuze)가 말하는 객관적 선험이란 단지 언어 이전의 무엇일 뿐만 아니라 어떤 의미에서는 세계 이전의 무엇이다. '세계'라는 것 자체가, 더 정확히 말해 이런 세계나 저런 세계, '즉 어떤 특정한 '세계'들이 바로 이 객관적 선험으로부터 생긴다.'라고 말한다. *이정우, 사건의 철학, 철학아카데미, 2003, p.241*

언표란 명제나 문장이나 담화행위 이전의 무엇이다. 언표라고 하는 것은 물질적 차원, 존재의 차원에서 기호들이 생겨나는 그 순간에 발생한다. 그리고 그 언표들에 일정한 규정성들이 부여되면서 문장이라든가 명제라든가 담화행위 등이 생긴다. *이정우, 사건의 철학, 철학아카데미, 2003, p.139*

미셸 푸코(M. Foucault)가 말하는 언표장에서 언표란 명제처럼 진위를 판별하는 데 필요한 일정한 규준과 공리적 공간의 구조에 제한을 받지 않는다. 언표란 경우에 따라 명제 또는 공리적 공간이 그 위에서 마름질될 수 있는 복수적 공간을 형성한다. 따라서 언표가 형성하는 이 공간은 미리부터 정해진 일정한 규정성을 지니지 않으며 언표라는 사건이 파열하는 순수한 우발적 공간이다. 이 공간은 추상적인 논리학의 공간이 아니라 담론적 실천이 비담론적 실천과 맞닿아 있는 곳에서 성립하는 공간이다. *이정우, 담론의 시간, 산해, 2000, p.28*

즉 미셸 푸코가 말하는 '언표'와 질 드뢰즈가 말하는 '의미'는 사건이라고 할 수 있으며, 언표장과 형이상학적 표면은 객관적 선험의 공간이다. 즉 객관적 선험의 공간은 사건이 복수적이고 우발적으로 일어나는 공간으로 사건에 의해서 공간의 성격이 결정되는 미정성의 공간이라고 할 수 있다.

또한 도시에 존재하는 미확정적인 사건들을 경험할 수 있는 미정성의 장소로 광장이나 마당을 예로 들 수 있다. 이 광장과 마당은 경계에서 말하는 모호한 장소라고 할 수 있다. 특히 경계의 구조인 매개공간의 성격과 틈새공간의 성격을 가지고 있는 장소이다. 여기서 매개공간으로서의 성격은 빅터 터너(V. Turner)의 **코뮤니타스(Communitas) 이론** 중에서 주변적인(Marginal) 경계의 성격이라고 할 수 있다.

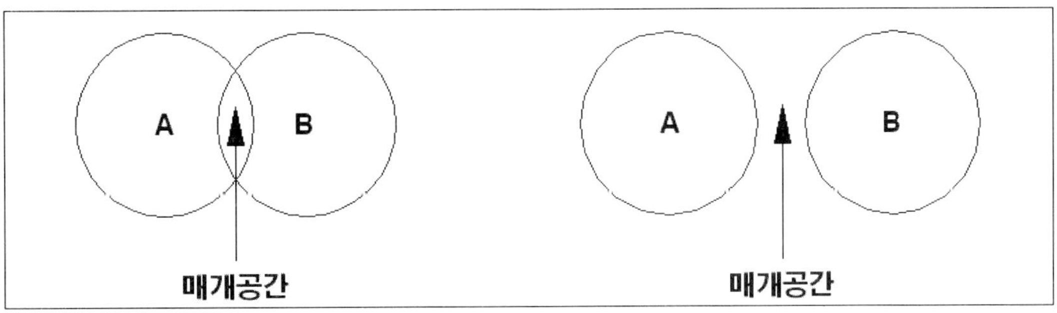


그림 50　경계의 구조

빅터 터너(V. Turner)의 코뮤니타스(Communitas) 이론에 있어서 비 중심적인 존재의 세 형태에 언급해 볼 수 있다, 그것은 첫째, 아웃사이드(Outsider)성으로 어디에도 바탕을 가지고 있지 않은 것으로 공간적으로 말하면 위치를 갖지 않는 것이라고 말할 수 있다. 둘째, 이와 구별되어야 할 것으로 주변적인 것 (Marginal)을 예로 들고 있다. 이것은 예매한 경계에 속하는 것으로 하나의 구조가 다른 구조와 상호 교차한 곳으로 건축적으로 이 근방에 가장 흥미가 모이는 곳이다. 셋째, 구조적 열위이며, 위계(Hierarchy)를 갖는 구조이다. 예를 들어 절벽에 의하여 절단된 두 개의 토지의 관계는 여러 가지 점에서 우열이 정해진다.

*保坂陽一郎, 이진만 역, 경계의 형태-그 건축적 구조, 한국산업훈련연구소, 1999, p12*

이것은 하나의 구조가 다른 구조와 상호 교차하는 곳으로 건축적으로 이 근방에 가장 많은 흥미가 모이는 장소이다. 그래서 이런 장소에서는 두 영역의 충돌과 교차에 의해서 다양한 사건들이 일어나게 된다. 예를 들어 남북의 이념 차이에 의해 만들어진 비무장지대는 남한과 북한의

애매한 중간 영역이라고 할 수 있다. 왜냐하면 이 영역은 다른 나라의 국경과는 달리 남북한이 접근할 수 없는 경계이지만 수시로 남북한의 소리 없는 충돌들이 일어나는 장소이기 때문이다.

## 4. 도시에서의 사건

현실 세계는 수많은 '사건, 사고'로 구성되어 있다. 질 들뢰즈(G. Deleuze)는 그의 저서 『논리의 의미』〈*질 들뢰즈(G. Deleuze), 이정우 역, 논리의 의미, 한길사, 2002*〉에서 사건은 반드시 커다란 사건, 역사적 사건만이 아니라 이 우주에서 발생하는 모든 사건을 말한다고 한다. 예를 들어 사건은 사계절의 변화뿐만이 아니라 자연의 변화 속에서 우리에게 포착되지 않고서 변화하는 수많은 사건들과 우리가 살아가면서 의식하거나 의식하지 못하고 부딪히는 다양한 사건들을 모두 포함한다. 그리고 사건이란 일반적으로 인간사를 채우고 있는 수많은 일들 중 두드러진 일과 사람들의 관심을 끄는 일을 뜻한다.

그러나 모든 사실과 사고가 사건이 되는 것은 아니다. 사건은 일정한 계열화를 통해서 즉 일정한 사회의 상황과 연관해서 이해해야만 사건이 된다. 예를 들어 역사적 사건은 계열화의 작업을 떠나서는 사건이 될 수 없다. 제갈량의 죽음은 박물관의 계열에 편입될 때, 정치사의 계열에 편입될 때, 문화사의 계열에 편입될 때, 각각 다른 사건으로써 존재한다. 사건이 일정한 계열에 편입되어 이해될 때, 사건의 의미에 대해 말할 수 있게 된다. 제갈량의 죽음은 정치사의 계열에 편입될 때 촉(蜀) 멸망이라는 계열의 시발점을 형성하게 된다. 그리고 역사상 수많은 혁

명들이 발생했지만, 동학농민운동에 큰 의미를 부여한다. 그것은 동학 혁명은 구한말을 구성하고 있는 수많은 역사 계열들의 교차점에서 발생한 사건이기 때문이다.〈*이정우, 인간의 얼굴, 민음사, 1999, p.67*〉 반면에 일정한 상황에 편입되지 못한 사건들은 사건들로 이해되지 못한 채 허공으로 사라진다. 그리고 다시 반복된다. 예를 들어 너무 익숙하고 당연해서 평소에는 의식하지 못하는 개인의 일상이나 도시에 존재하는 다양한 구성체들의 변화 그리고 낮과 밤, 계절의 변화와 같은 자연의 섭리 등이다.

이렇듯 사건이란 하나의 사건을 고립적으로 생각하느냐 다른 사건들과 계열화해서 생각하느냐〈*이정우, 사건의 철학, 철학아카데미, 2003, p.152*〉에 따라 의미를 가질 수도 무의미할 수도 있다. 이렇게 사건이란 항상 두 얼굴을 가지고 있다. 어떤 사건이 벌어졌을 때 의사는 그 신체적인 상태, 즉 이 사람이 어떤 물리적, 생리적 인과를 통해서 살해되었는가를 본다. 반면 형사는 그 사건을 둘러싼 전후좌우 사건들의 배치를 통한 비 신체적인 원인을 찾는다. 여기에서 의사가 사건을 신체적인 상태로 본다는 것은 하나의 사건을 고립적으로 부여한다는 것을 의미한다. 질 들뢰즈(G. Deleuze)는 이를 '**표면효과**'라고 부른다.

그림 51  파괴되기 전의 세계무역센터, 미국 뉴욕

그림 52 세계무역센터의 파괴모습, 미국 뉴욕

그림 53 그라운드 제로

그림 54 파괴된 세계무역센터의 메모리얼 사이트(Memorial Site), 다니엘 리베스킨드, 미국 뉴욕

그림 55 스페인계단, 영화 '로마의 휴일'로 더 유명하다, 이탈리아 로마

예를 들어, 나뭇잎이 '붉어진다'는 것은 어떤 색소의 혼합 상태에서 다른 혼합 상태로 바뀌는 것이다. 이는 신체적인 것의 변화를 뜻하지만 결코 신체적인 것은 아니며, 단지 신체적인 것의 표면에서 이루어지는 변화를 뜻할 뿐이다.

예를 들어 물이 끓는다는 것은 액체나 기체 상태를 가르치는 것이 아니라 액체에서 기체로 되는 변화를 가르친다. 즉 물의 표면에서 일어나는 변화 혹은 효과이다. 그리고 나폴레옹의 머리에 왕관이 얹히는 것은 그것 자체만을 고려했을 때는 단순한 표면 효과이고, 물리적 변화의 결과일 뿐이다. 이렇듯 사건을 단순한 '표면효과'로만 본다면 하나의 의미만을 가지게 된다. 반면 형사가 그 사건을 둘러싼 전후좌우 사건들의 배치를 통한 비 신체적인 원인을 찾는 것은 다른 사건과 계열화를 통해서 의미를 찾는다는 것을 의미한다.

페퍼(C. Pepper)는 20세기를 전후로 나타난, 맥락 혹은 상황을 다룬 철학을 총칭하여 **'맥락주의(Contextualism)'**라고 명명하였는데 이는 많은 의미를 띠고 있는 은유이다. 여기서 주목하여야 할 것은 우선 '사건'이다. 사건이란 이 세상에 존재하는 것들이 고립되어 있을 때 일어나는 것이 아니라 서로 간에 맞닥뜨렸을 때 일어나는 현상이다. 그러므로 맥락주의에서는 그것들의 개별적 정체성을 찾기가 중요한 것이 아니라 서로간의 만남과 어우러짐이 중요하다. 그것들이 홀로 존재하는 한 아무런 의미가 없다.

군집하여 어우러졌을 때만 그것들이 의미를 부여받게 된다. 사물이든 인간이든 간에 적대적으로 혹은 이데아(Idea)적으로 존재하는 정체성(Identity)을 맥락주의에서는 인정하지 않는다.

그림 56  비판적 맥락주의를 표방한 코이즈미 조명회사 빌딩, 피터아이젠만, 일본 동경

그림 57 비판적 맥락주의를 표방한 코이즈미 조명회사 빌딩, 피터아이젠만, 일본 동경

사물이든 인간이든 간에 사건을 통해서 의미를 부여받게 되는 것이지 홀로 의미를 갖고 있는 상태가 아니기 때문이다. 그 다음으로 우리가 주목하여야 할 것은 '역사적'이라는 단어이다. 역사적이라는 의미가 갖는 뉘앙스는 참으로 독특하다. 과거와 연결되어 있는 독특한 현재라는 의미를 내포하고 있다. 다시 말하면 과거를 현재에 재현하는 것이 두 단어의 의미를 잘 음미한다면 맥락주의의 근본적 사고를 쉽게 이해할 수 있다. 사물이나 인간이 사건을 통해서 묶여지고 이 묶여짐은 일회성으로 끝나는 것이 아니라 지속적으로 변화하고 발전한다는 의미가 '역사적인 사건'이라는 단어 속에 접혀 있다. 역사적 사건 속에 있는 사물이나 인간을 혼자 고립적으로 떼어서 생각할 수 없다. 그럼에도 불구하고 마치 그것을 별도의 존재로 떼어질 수 있는 것처럼 생각해 그것에다가 이데아(Idea)적인 정체성을 부여한 것이 맥락주의 이전의 플라톤(Plato :427~347 B.C.) 형식의 패러다임(paradigm)의 사유방식이었다. 그러나 맥락주의에서는 사물이나 인간을 생각하지 않는다. 하나의 사물을 파악하기 위해서 맥락 전체의 흐름을 생각하여야 된다는 것이 맥락주의의 가장 본질적인 생각이다. 역사적 사건이란 바로 이러한 의미를 내포하고 있다. *〈이동언, 맥락주의를 건축이론화 하기 위한 시도(1), 대한역사연구 제8권 2호, 1996, p.110~111〉*

**우연성**은 삶을 지배하는 일정한 코드, 즉 일정한 방향과 통념을 벗어나기 위한 수단이다. 정형화된 형식이나 양식 그리고 제도에 대한 저항이라고 볼 수 있다. 그것은 연극에서 예술과 생활의 경계를 허물기 위해서 내용이 없는 각본과 즉흥성을 사용하는 것과도 비슷하다. 그러므로 우연한 사건은 예기치 않은 행동이라는 점에서 해프닝(Happening)이라고도 할 수 있다. 해프닝은 내용이 없는 각본과 즉흥성에 기초를 두고 있으며, 현장에 자유롭게 참여한 관중의 예기치 않은 행동을 수용하는 우연성을 가지고 있기 때문이다. 그러면 사건의 개념에서 해프닝이란 무엇인가?

뉴스나 신문을 보면 자주 접하는 단어 중에 '어떤 사건이 해프닝으로 끝났다'라는 말과 글을 듣거나 보게 된다. 여기서 해프닝은 누군가에게 자신의 존재와 행위를 알리기 위한 수단일 수도 있고 하나의 사건이 사회적 이슈로 떠오르려고 하다가 묻혀버렸을 때도 쓰인다. 전자는 일상생활에서 예상하지 못한 돌발 상황을 의미한다. 이런 즉흥성은 예술과 생활의 경계를 허물어버리기 위한 수단으로 연극이나 회화에서 많이 사용하고 있다. 후자는 하나의 사건이 계열화하지 못한 사건처럼 사회적 상황에서 사건화 되지 못하고 무의미하게 된 것을 의미한다. 무의미하게 묻힌 사건은 현재의 사회적 상황과 연관해서 의미를 가지지 못한다는 뜻이지 의미가 없다는 뜻은 아니다. 예를 들어 한 남자가 자살을 기도하고 있다. 이런 행위는 아무도 예상하지 못한 사건이다. 그래서 사람들은 남자의 행위에 당황하며 주변으로 모여든다. 경찰도 출동한다. 경찰은 남자의 자살을 막기 위해서 설득을 시작한다. 만약에 자살을 시도하던 남자가 설득에 의해서 자살을 포기한다면 이 자살소동은 해프닝으로 끝나게 된다. 그러나 남자가 자살을 하게 된다면 자살 사건은 뉴스나 신문에서도 듣거나 보게 될 정도로 하나의 사건이 된다. 또 만약에 남자의 자살 동기가 아내의 가출이나 사업의 실패 등의 개인의 상황에 대한 비관이라면 이 사건 역시 하나의 해프닝이 된다. 이 경우 사건 동기가 개인의 상황에서는 중요한 문제이지만 사회적으로 예기치 못한 사건이기 때문이다. 그러나 남자의 자살 동기가 현 사회의 문제점에 대

그림 58 역사적 의미를 가지는 자살사건 영화(아름다운 청년 전태일)

그림 59 해프닝으로 끝난 자살소동

한 경고라면 남자의 자살은 사회적 문제가 되는 사건이 된다. 청년 전태일의 죽음은 노동자들의 부당한 대우와 권리를 알리기 위한 자살이기 때문에 역사적 사건으로써 많은 의미를 가지게 된다. 그러므로 하나의 사건은 역사적인 사건이 될 수도 있고 예기치 못한 우연한 사건(Happening)이 될 수도 있다.

## 5. 도시에서의 흔적과 기억

**note28. 사건들은 도시에 많은 흔적(痕迹)과 기억(記憶)을 만들어 낸다.** 여기서 흔적과 기억은 지형학적으로는 많은 켜(Layer)와 경계 등의 흔적을 만들어 내고 역사적, 문화적으로는 도시의 형성에 영향을 준 큰 사건과 개개인의 일상을 통해서 일어나는 작은 사건들에 대한 집단적 기억과 개인의 기억들을 만들어 낸다. 그래서 흔적과 기억은 도시의 장소성을 표현하는 요소로 작용할 수 있다.

도시는 다양한 종류의 직업과 계급, 그리고 성격을 가진 많은 사람들에게 관찰되어지거나 즐겨지는 대상일 뿐만 아니라 여러 가지 이유에 의해 변화를 끊임없이 추구하는 많은 제작자들의 생산물이다. 어떤 시기에는 도시가 외형적으로 정지되어 있는 듯 보이지만 실제로 도시는 세부적으로 변하고 있다. 느낄 수 있는 것은 도시의 증가와 형태에 대한 부분적인 조작만이 이루어지고 있다는 사실뿐이다. 거기에는 마지막 결과는 존재하지 않으며 오로지 상황들이 끊임없이 연속*(케빈 린치(Kevin Lynch), 한영호 정진우 공역, 도시환경디자인(The Image of the City), 광문각,*

그림 60 가시적 사건의 흔적, 서울 선유도 공원

그림 61 가시적 사건의 흔적, 서울 선유도 공원

*2003, p10*〉된다고 한다. 이런 끊임없는 변화의 과정에 의해서 도시에서 일어난 사건들의 흔적들이 생기게 된다. 이런 도시의 흔적들은 도시를 형성하는 물리적인 요소라고 할 수 있는 지형과 건물 등에서 많이 나타난다. 즉 **눈으로 볼 수 있는 가시적인 흔적**들이다. 예를 들어 도시의 변화 과정을 유추할 수 있는 켜와 경계 그리고 역사적으로 의미가 있는 건축이나 기념물과 잔해 등이다. 이런 도시의 흔적들은 도시에서 일어난 사건들이 가시적으로 남아 장소성에 영향을 준 요소이다.

가시적인 사건의 흔적은 눈으로 볼 수 있는 것이므로 케빈 린치(K. Lynch)가 「도시의 이미지(The Image of the City)」에서 도시의 이미지 요소로 제시하고 있는 정체성(Identity), 구조(Structure), 의미(Meaning)의 세 가지 중에서 '구조'라고 할 수 있다. 여기에서 구조는 물체와 관찰자 및 다른 물체와의 공간적이고 패턴적인 관계를 포함하므로 도시의 끊임없는 변화의 과정에서 만들어지는 가시적인 이미지라고 할 수 있다.

**비가시적인 사건**이란 도시에서 일어나는 사람들의 움직임과 행위와 같이 도시 속에 존재하는 유동적인 요소들이다. 이런 요소는 도시의 흔적에 영향을 준 역사적인 사건이나 도시의 기억을 재생시켜주는 축제, 그리고 개개인의 일상과 비일상 등이다. 예를 들어 서울시청 앞 공간은 과거에는 차량의 소통을 원활하게 하기 위한 교차로의 역할을 하던 장소였다. 그러던 장소가 2002년 한일 월드컵을 계기로 사람들은 우리나라의 경기가 있을 때면 서울시청 앞 공간으로 모여서 우리나라를 응원하고 응원이 끝나면 축제의 행위를 하던 광장은 다시 차량의 소통을 위

그림 62  2002 붉은 물결, 서울시청 앞 광장

한 교차로의 역할을 하게 되었다. 그런 일시적인 축제의 장소였던 서울시청 앞 공간은 영구적인 시민의 광장으로 바뀌게 되었다. 이는 도로의 기능만 하던 서울시청 앞 공간이 2002년 한•일 월드컵이라는 역사적인 사건으로 인해 도시의 총체적인 기억과 개개인의 기억의 장소성을 가지게 됨을 말한다.

**note29.** **케빈 린치(K. Lynch)는 도시의 이미지는 관찰자에게 실질적이며 감성적인 어떠한 의미를 가지고 있어야 하며, 의미는 또 하나의 환경적 관계이지만 공간적인 관계와 패턴적인 관계와는 다르다고 한다. 그리고 의미는 다른 두 요소들과는 달리 물리적인 조작에 의해 아주 쉽게 변하지 않는다. 의미는 도시에 대한 개개인의 의미(Meaning)라고 한다. 그러므로 의미는 도시에 대한 사람들의 기억과 도시에 남아 있는 흔적에 대한 사람들의 인식적인 비율이 시적인 이미지라고 할 수 있다.**

## 6. 광장의 개념

광장이란 가로와 함께 도시 공간(Urban Space)을 이루는 요소〈*Rob Krier, 김주성 · 진경동 공역, 도시공간 디자인론, 미건사, 1994, p.16~21. 이 책에서 '도시공간'의 개념은 도심지의 건축물과 다른 장소들 중간의 모든 공간 유형으로 정의하고 있다.*〉로써 서양의 여러 나라에서 Square, Plaza, Piazza, Place 등으로 통용되며, 이의 사전적 정의는 '많은 사람들이 휴식하거나 집회를 가지거나 기타의 공공 목적으로 사용하기 위해, 주로 도시나 큰 건물 주위에 넓고 평평하게 만들어 놓은 장소'로 풀이된다. 즉 광장이란 도시나 마을 등의 상황과 이 지역의 사회구조와 깊은 관계를 갖는 일정 규모 이상의 넓이를 갖는 공간으로 정의될 수 있다.

도시 내의 광장은 일반적으로 도시 활동이 극도로 집중화한 장소에 위치하면서 도시 내 가로패턴과 조합하여 건축물 등 도시 구조물을 포함하는 외부공간과 함께 일련의 맥락 속에서 조성된다.

이러한 광장의 발생을 보면 우선 서양의 경우, 고대 그리스 도시에는 '사람들이 모이는 곳'이라는 뜻의 **아고라**(Agora: a place for gathering, a marketplace, especially in Classical Greece)라고 하는 넓은 공간이 있었는데, 이곳은 시민생활의 중심지 역할을 하는 곳으로, 종교, 정치, 사법, 상업, 사교 등이 행해지는 사회생활의 중심지이기도 하였다. 그 주위에는 공공생활에 필요한 건축물들이 둘러서 있고 회의장, 사원, 점포, 주랑 등이 차지하고 있어서, 자연스럽게 시민들이 모여들었다. 그 내부에는 제단, 조각, 분수와 연못, 나무 등이 있어서 시민들의 휴식 장소가 되기도 한다.

The Agora was the heart of ancient Athens, the focus of political, commercial, administrative and social activity, the religious and cultural centre, and the seat of justice.

The site was occupied without interruption in all periods of the city's history. It was used as a residential and burial area as early as the Late Neolithic period (3000 B.C.). Early in the 6th

그림 63 로만 포럼(Roman Forum), 이탈리아 폼페이

century, in the time of Solon, the Agora became a public area.

After a series of repairs and remodellings, it reached its final rectangular form in the 2nd century B.C. Extensive building activity occured after the serious damage made by the Persians in 480/79 B.C., by the Romans in 89 B.C. and by the Herulae in A.D. 267 while, after the Slavic invasion in A.D. 580, It was gradually abandoned. From the Byzantine period until after 1834, when Athens became the capital of the independent Greek state, the Agora was again developed as a residential area.

아고라는 도시의 중심부나 항구 옆에 있었는데, 나중에는 시장을 뜻하게 되었다. 고대 로마의 포럼(Forum)도 아고라와 같이 시민의 사회생활의 중심이 되는 광장이었다.

The Forum was the public space in the middle of a Roman city. Modelled on the Roman Forum and Imperial forums in Rome itself, they are to be found in Italy (often forming the piazza of the modern town) and throughout the empire, with examples at:

Lucca, now Piazza San Michele

Verona, now Piazza delle Erbe

Roman Forum, Philippi, at Philippi

Roman Forum (Mérida), at Mérida, Spain

Roman Forum (Pompeii), at Pompeii, Italy

In new Roman towns, the Forum was usually located at, or just off of, the intersection of the main north-south and east-west streets (the Cardo and Decumanus).

그림 64 에릅 광장(Piazza delle Erbe), 이탈리아 베로나

그림 65 성 미쉘 성당 앞 광장(Piazza San Michele), 이탈리아 루카

그림 66 록펠러센터 앞 광상, 겨울에는 스케이트장으로 유명하다, 미국 뉴욕

중세의 도시에서의 광장은 대성당이나 교회 앞의 교회광장, 왕후나 주요직분의 저택으로 둘러싸인 시뇨리아(Signoria)라는 시민광장, 상업 활동이 행해지는 시장광장 등 3가지로 나누어졌다.

르네상스 시대의 여러 가지 이상도시(ideal city)는 그 구조 속에 광장을 포함하였다. 대도로의 양쪽에 광장을 두고, 거기에 오벨리스크(Obelisk)나 원주를 세워서 광장의 소재를 밝히는 형태로 나타났다. 귀족들이 주택지 경영을 목적으로 하여 빈터에 먼저 광장을 만들고, 그 가운데 왕의 동상을 세우고, 그 주변에 주택을 배치하는 계획으로 도시건설을 추진했기 때문에 여기저기에 광장이 생겨났다.

그러나 산업혁명 이후에 자본주의 도시가 일어나는 근대에는 시민들의 광장에 대한 흥미는 쇠퇴하였고, 광장 대신에 철도나 공장, 빌딩 등 산업시설이 도심지에 건설되었다. 그 후 광장의 필요성이 다시 대두된 것은 20세기 후반, 공업화와 자동차 교통으로 인해 현대도시가 황폐해지면서부터이다. 새로운 도시 광장은 재개발되는 도심과 새로 건설되는 주택지의 중심지에 나타난다. 어느 것이나 자동차 교통을 거부하고, 시민들의 보행자의 쇼핑이나 산책을 중심으로 한 새로운 형태의 광장이다.

이처럼 서양의 경우 광장은 고대 그리스 시대부터 로마제국, 중세에 이르기까지 서양의 각 도시에서 활동의 핵으로 발달해 왔다.

그림 67 시뇨리아 광장, 이탈리아 피렌체

그림 68 로마의 경기장(Roman Ampitheater), 이탈리아 루카

그림 69  판테온 신전(Temple of Pantheon) 앞 광장, 중앙에 오벨리스크가 있다, 이탈리아 로마

그림 70 성 베드로 광장(st. Pieters Basilica), 이탈리아 로마 바티칸

그림 71  성 베드로 광장(st. Pieters Basilica), 이탈리아 로마 바티칸

특별히 이탈리아나 프랑스 등지의 도시에서는 계획적 광장이 성행했었고, 이것은 그 지역의 기후 조건〈서양의 경우, 특히 광장이 발달했던 지중해 연안의 국가에서는 지중해성 기후의 영향으로 일상 생활에서 옥외 공간 이용이 용이했다.〉 및 국민성에 기인한다. 따라서 광장은 도시의 생명력 있는 조직의 일부로서 사회적, 경제적, 문화적, 정치적, 기술적 조건에 따라 끊임없이 변화해 왔다.

우리나라의 경우 서구에서 보이는 광장의 형태는 찾아보기 힘들다. 그것은 우리의 문화가 기본적으로 길에 의한 문화로써 서구 도시에 있는 광장처럼 특정의 장소에 특정의 공간 형태를 동반하여, 그 위에 특정의 기능이 이루어지는 장(場)은 존재하지 않았다.〈*장태현, 도시 광장의 공간 구성에 관한 연구, 홍익대 박론, 1996, p.52*〉 그러면서도 우리의 길에는 마당과 시장이라는 나름대로의 광장은 존재했었다.

마당은 궁궐, 사찰, 서원, 객사, 부락 등에서 발견되며, 시장은 옛날부터 여러 다른 지역의 사람들이 한데 모여 서로 물건을 교환하거나 매매를 행하는 일정한 장소로써 서양의 광장과 많은 유사점을 갖는다.

먼저 궁궐 마당은 행사 공간, 종묘 공간으로 구분되는데, 국가가 관계하는 행사는 궁궐의 전정에서 행하여졌으며, 정전을 중심으로 담으로 둘러싸인 하나의 광장으로 남북축 선상에 좌우 대칭으로 배치되는 것이 상례이다.

사찰 마당은 연등회와 같은 불교 양식 외에도 갖가지의 의식이 벌어지는 장소였다.

객사 마당은 외국의 사신을 영접하는 비교적 큰 공간으로 위엄 있는 공간이었다.

부락 마당은 전통 공간에서 건물의 영역 외 동네 마당, 동네 우물 마당, 동네 공동 작업장, 마

그림 72 옥산서원 안마당, 경북 안동

그림 73 제례 공간, 서울 종묘

그림 74 조선 후기 시장의 모습

을 어귀의 느티나무 및 공공 마당 등으로 나누어 볼 수 있는데, 이곳은 주로 마을 주민의 모임 및 공연의 장소가 되어왔다. 따라서 이곳은 부락민의 경제 기관인 동시에 오락 기관으로써 주민 공동생활의 장이었던 것이다.

표 서양과 한국의 광장에 대한 비교분석

| 구분 | 서양 | 동양, 한국 |
|---|---|---|
| 명칭 | 광장 | 마당, 시장 |
| 배경과 개념 | ·성곽도시생활<br>·종교영향과 인보주의사상 내포<br>·자연환경 여건이 광장형성에 절대적 영향 | ·농촌생활, 농업 생산 활동<br>·사상적 배경에 따라 공간에 의미 함축<br>·기후조건은 서구형 광장형성에 불리 |
| 구성원리 | ·건축적 광장 | ·장소적 광장 |
| 기능 | ·종교, 정치, 사회, 문화의 중심<br>·시각적, 미적 효과의 환경 공간<br>·도시계획에 의한 도시시설 | ·종교, 사회, 경제와 밀접한 관련<br>·공간성격에 따라 행사, 생산 작업, 민속놀이<br>·자연발생적 또는 제도적으로 만듦 |
| 형태 | ·일정한 형태를 이루고 고정적임 | ·인적, 물적, 시간적, 공간적 여건에 따라 유기적 결합, 비정형적임 |
| 특성 | ·도시중심에 위치<br>·도로의 결절점이나 초점역할<br>·인공적 질서형성, 공간감 있음 | ·생활에 편리한 장소에 위치<br>·도로변이나 중심에서 벗어난 장소<br>·자연적 여건에 순응, 공간감 부족 |
| 구성요소 | ·건축적 배경과 편익시설 위주 | ·자연배경에 조화로운 수식시설 |

시장은 인적, 물적, 시간적, 공간적 요소들이 한데 모여 자연 발생적 또는 제도적으로 만들어진 것으로 민중들의 삶의 내용을 채우는 모든 관련 분야가 한데 어우러진 하나의 '삶의 장'이었다. 하지만 근대화 이후 이러한 시장 문화가 점차 사라지고 있는 실정이다.

이와 같이 우리의 광장과 서양의 광장 사이에는 자연 환경과 문화적인 차이에 의해 공간적인 형태와 발생의 기원에 많은 차이를 보이지만 지역 주민들의 생활의 장이었다는 점에서 공통점을 찾을 수 있다.

광장은 고유의 영속적 요인인 지형, 기후, 국지적인 특성과 가변적 요인인 양식, 시대상 등으로 대별될 수 있는 정적 혹은 동적 세력의 혼합으로 외양에 나타난다. 광장의 외양에 대해서 폴 주커(Paul Zucker)는 일정 기간에만 유행어로 나타나는 특이한 형태를 제외하면, 체적과 공간의 관계는 계속 반복되는 기본 형태가 존재함을 강조하며,

**note30. 광장의 기능적 측면이 아닌 공간 구성상 특성에 따라 구분하여 크게 5가지로 분류된다.** 〈*Paul Zucker, Town and Square, Cambridge Mass, The M.I.T. Press, 1973, p.6*〉

첫째, 독립 공간을 지향하는 폐쇄광장으로써 가장 기본적인 광장 형태이다. 그 배치 형태는 원형, 정방형 등 정형적, 기하학적 형태로 고대 그리스의 아고라, 중세의 회랑이나 아케이드로 둘러싸인 광장이다.

그림 75 성 베드로 광장(st. Pieters Basilica), 이탈리아 로마 바티칸

그림 76 판테온신전(Temple of Pantheon) 앞 광장, 이탈리아 로마

그림 77 캄피돌리오 광장(Piazza del Campidoglio), 이탈리아 로마

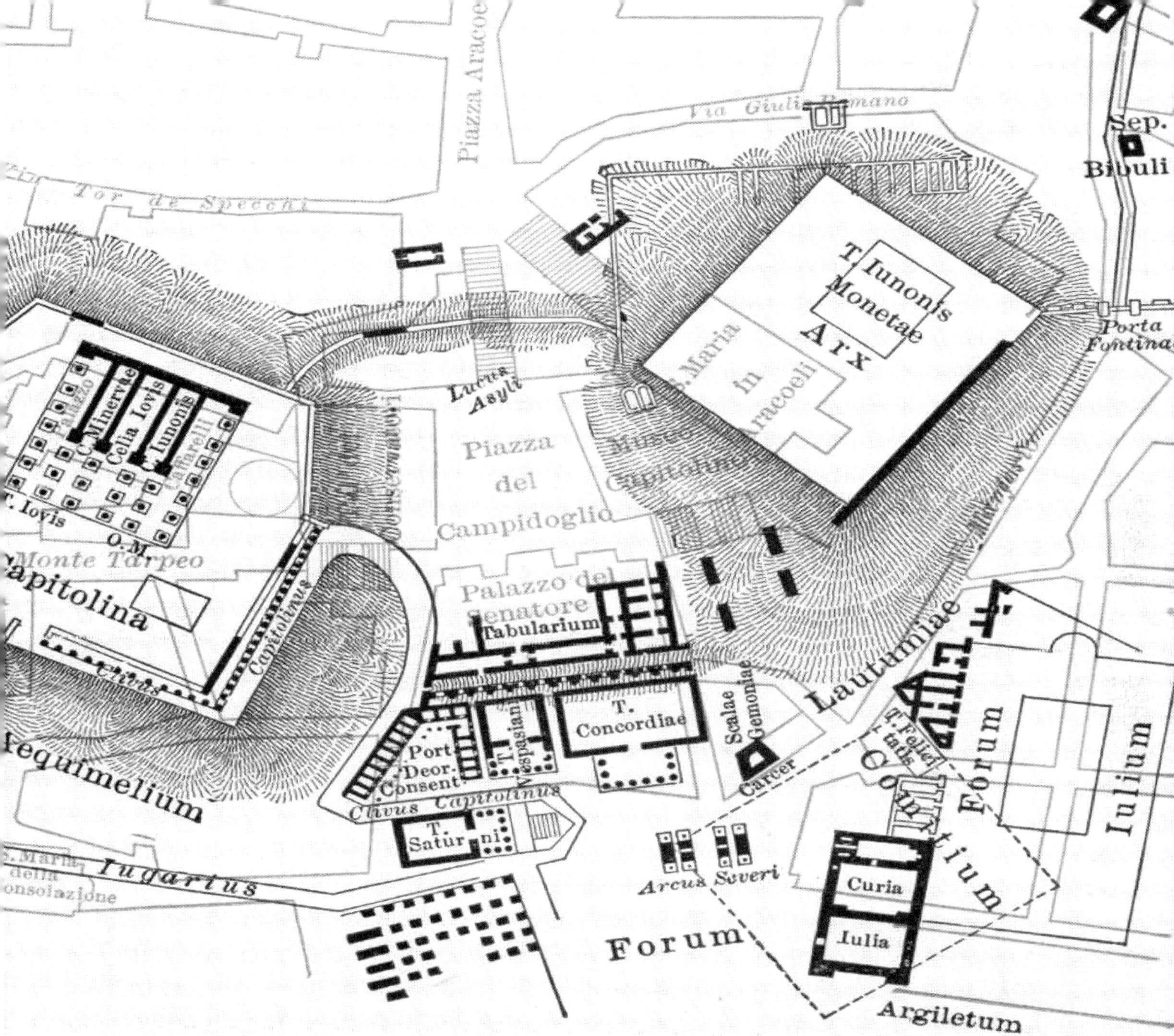


그림 78 캄피돌리오 광장(Piazza del Campidoglio), 이탈리아 로마

둘째, 한 개의 건축물 혹은 건축군에 의해 특성지어지고, 공간 축을 형성하는 우위적 요소에 의한 광장으로써 중세의 사원, 관전, 시청, 분수, 극장, 역 등이 광장의 지배적인 건물로 되며, 주변의 건축물은 배경으로 유도되고 이 광장으로 통하는 주요 도로 방향은 예의 건물을 향하여 축을 형성한다.

셋째, 한 중심점 주위로 형성되는 핵 광장으로 주위 건물에 의해 둘러싸이며, 보통 광장 중앙에 수직적 요소인 기념물, 오벨리스크, 분수 등이 배치된다. 이로써 주변 광장의 이질적 요소를 일체적으로 구성하여 광장을 활기 있게 만들어 준다.

넷째, 복합적 광장으로써 하나의 축을 형성하여 전개되는 규모나 형태가 다른 광장이 연속되는 경우이거나, 축이 없는 공간구성으로 작은 광장 중 하나가 큰 광장 쪽으로 열려 있는 경우가 있다.

다섯째, 부정형 광장으로 공간이 한정되지 않고 특정형태가 없는 광장이다. 어떤 광장이나 순수한 유형으로만 나타내는 것은 아니다. 예를 들어 베니스의 산마르코 광장은 원래 폐쇄광장이면서도 복합광장이고, 뉴욕의 록펠러 센터는 폐쇄광장 겸 우위적 광장에 의한 광장이다. 그밖에 19세기에 유행하던 수법으로 법원, 극장, 교회 등의 건물에 대해서 시각적 중요성을 강조하기 위하여 건물 주변을 비워둠으로써 발생한 광장의 경우가 이에 해당하는 것이 많다.

### 광장의 사례

① 서울 시청 앞 광장

서울 시청 앞 광장은 공간적인 특성상 부정형을 취하고 있으며, 공간의 발생이 일제의 경성부 청사(현 서울 시청사) 건립에 따른 것으로 앞에서 살펴 본 다섯 가지 유형 중에 다섯째인 부정형 광장에 해당한다고 볼 수 있다. 특히 현재 시청 앞 광장은 도심의 간선도로들이 만나는 교통 광장으로써 도시 기능적으로 도로 기능이 상당히 중요시되는 곳이다. 따라서 광장 계획에 있어 현재의 도로로서의 기능을 어떻게 계획하느냐에 따라 광장 형성의 변수로 작용된다고 볼 수 있다.

그러나 2002년 월드컵을 계기로 서울 시청 앞 광장은 교통광장으로써의 기능을 뛰어넘어 온 국민에서 기념비적인 새로운 장소성을 제공했다. 앞으로는 서울 시청 앞 광장은 우리에게 교통 광장이라기보다는 국가 간의 축구 경기가 있을 때 응원을 위한 새로운 장소성을 갖는 광장으로 다가올 것이다. 그리고 우리는 그 장소가 갖는 기억을 잊지 못할 것이다.

그림 79 2002 붉은 물결, 서울시청 앞 광장

② 미국 미니애폴리스의 연방법원 광장

1999년에 조성된 연방법원 앞 광장은 광장의 디자인이 이 지역의 역사 경관을 상징적으로 나타내고 있으며 이는 타원형 모양의 잔디 언덕과 얼마간의 나무와 흰색의 통나무 의자로 구체화되어 있다. 현재 광장은 매우 잘 활용되고 있으며 국가기관인 만큼 정책에 항의하는 공공집회 장소로도 활발히 이용되고 있다고 한다. 처음에는 항의하는 사람들이 누군가 대담하게 행동하기 전까지는 잔디 언덕에 올라가는 것을 마치 위법 행위인 양 주저했지만, 이제는 광장의 모든 언덕이 시위를 위한 연설대로도 이용되고 있다.

광장은 미니애폴리스라는 대도시에 정체성(Identity)을 부여하는 이미지를 제공하려는 목적으로 디자인 되었으며, 결국 사람들의 시선을 끄는 이러한 경관을 통해서 이 도시에 부족했던 정체성을 점차 형성하도록 만드는 계기를 만들고 있다.

그림 80  연방법원 광장, 미국 미니애폴리스

③ **프랑스 파리의 오텔드빌**(Hôtel de Ville, Paris) **광장**

오텔드빌 광장은 프랑스 파리의 시청 앞 광장이다. 이곳은 시민들의 축제 장소로도 애용되어 왔다. 현대에는 각종 시민 행사와 문화행사의 장소로 이용되는가하면 특히 겨울철 동안 스케이트장이 설치되어 파리 시민들의 사랑을 받고 있다.

현재의 시청 광장의 규모는 근처의 19세기 중엽 파리 도시 계획을 담당했던 '오스망 남작'에 의해 4배로 확장되었다. 노트르담 대성당의 안뜰이 지금처럼 넓어진 것도 바로 이 시기이다. 광장의 중심은 13세기에 상인들의 조합 인장을 상징하는 타일이 놓여 있다. 광장 주변에서 거대한 분수들을 볼 수 있는데, 이들은 물의 소중함을 주제로 하고 있다. 여름마다 장관을 이루는 이 분수들은 파리 시민들의 휴식처로, 특히 관광객들이 아픈 다리를 쉬어가는 좋은 휴식처로 사랑을 받고 있다.

그림 81 오텔드빌(Hôtel de Ville, Paris) 광장, 프랑스 파리

그림 82 오텔드빌(Hôtel de Ville, Paris) 광장, 프랑스 파리

**④ 프랑스 파리의 퐁피드 광장**

파리의 구도심과 거리 가로의 역사적인 건축물들을 보면서 다니다보면 새로운 시도의 낯선 형태의 건축물이 눈에 띤다. 과감한 디자인과 어울릴 것 같지 않은 하이테크적인 재료의 사용은 시선을 끌기에 충분하다. 여기에 이끌려 비좁은 길을 헤쳐 나가면 또 하나의 신선한 충격을 주는 너른 광장이 사람들을 맞이한다.

이 광장은 많은 사람들에게 피로를 달래며 쉴 수 있는 공간을 제공해 주고, 여기에서 쉬는 사람들은 퐁피드 센터와 퐁피드 센터를 이용하는 사람들을 구경하면서 시간을 보낸다. 이 광장은 건축물 쪽으로 약간의 경사를 가지고 있고 이 경사는 방향성을 제시하게 되어 앉아서 쉬는 모든 사람들에게 멍하게도 같은 시선과 같은 생각을 하게끔 유도한다.

그림 83　퐁피두 광장(Centre Pompidou), 프랑스 파리

그림 84 퐁피두 광장(Centre Pompidou), 프랑스 파리

그림 85 퐁피두 광장(Centre Pompidou), 프랑스 파리

**⑤ 이탈리아 로마의 스페인 광장**

다른 광장과 조금은 색다른 이 광장은 계단 형식으로 되어 있으며, 이 계단 자체가 광장이라는 특이한 매력으로 인해 많은 사람들이 찾게 되고, 또 사람들은 많은 수로 이루어진 이 계단형 광장을 오르내리는 것을 주저하지 않는다.

계단은 좌우 대칭으로 되어있지만, 굴곡을 가지고 있어 오르는데 피곤함을 덜어준다. 계단형 광장의 밑에서 보면 광장 위에 있는 성당이 한층 더 높게 고무되어 모이고, 광장의 위에서 내려본 로마는 보다 더 로마다움을 연출한다.

이 스페인 광장은 이곳을 찾는 많은 연인들과 사람들에게 아름다운 사진의 배경을 제공하고 다시 로마를 찾게 만드는 계기를 제공한다.

**⑥ 이탈리아 로마의 나보나 광장**

로마에서 가장 아름답고 넓은 규모를 자랑하는 나보나 광장은 광장을 중세 시대의 건축물들이 병풍처럼 아름답게 둘러쳐져 감싸고 있으며, 그 병풍들의 건축물 사이의 갈라진 틈과 같은 여러 개의 골목길을 하나로 어우르는 집합적인 장소를 제공한다.

이곳은 한 개의 오벨리스크와 두 개의 분수를 가지고 있으며, 나보나 광장이 로마에서 명소로 자리 잡고 있듯이, 이것들은 나보나 광장 내의 명소로 자리하고 있다.

그림 86 스페인 광장(Spanish Steps, Piazza di Spagna), 이탈리아 로마

그림 87 나보나 광장(Piazza Navona), 이탈리아 로마

⑦ 오스트리아 비엔나의 라더스 광장

오스트리아 비엔나의 시청 앞에는 라더스 광장이 있다. 비엔나가 클래식의 도시임을 자랑하듯 여름밤이면 비엔나의 시청은 아름다운 클래식 선율이 수를 놓는다. 매년 7, 8월이면 대형 스크린을 통해 펼쳐지는 야외 음악회는 그야말로 장관이다. 오페라, 연주회 등 매일 바뀌는 프로그램에 따라 일정이 시작된다. 해질 무렵 여름밤이면 어김없이 시청의 음악회는 시작되고 시청 광장은 인산인해를 이룬다. 의자가 많이 놓여져 있어 앉아서 볼 수도 있고 다른 음악회와 달리 야외라는 점과 입장권이 필요 없다는 점 등은 관광객뿐만 아니라 시민들도 많이 찾는 요인이 된다.

The Rathaus is a building in Vienna which serves as the seat both of the mayor and city council of the city of Vienna which also serve, in personal union, as Governor and Assembly (Landtag) of the State of Vienna, a state with the Austrian federal system. The Rathaus was designed by Friedrich von Schimdt in the Gothic style, and built between 1872 and 1883. On the top of the tower is the Rathausmann, one of the symbols of Vienna. Facing the Rathaus is a large park, the Rathauspark.

그림 88 라더스 광장(Rathaus), 오스트리아 비엔나

그림 89 라더스 광장(Rathaus), 오스트리아 비엔나

## 7. 사례

### (1) 베르나르 츄미의 라 빌레뜨 공원

베르나르 츄미의 데뷔 작품인 라 빌레뜨 공원(Paris, 1982~1988)은 공간, 이벤트, 움직임의 상호작용이라는 테마가 일관성 있게 적용된 작품이다. 그러므로 라 빌레뜨 공원에서 3개의 서로 다른 질서 체계들이 중첩되고, 여기에 움직임의 개념, 이벤트, 점, 선, 면, 포인트 그리드 시스템 등 다양한 개념들이 나타난다. 따라서 라 빌레뜨 공원의 구성은 단순한 형태적 유희가 아니라 3개의 자율적인 추상적 시스템(점, 선, 면의 시스템)과 포인트 그리드라는 격자의 질서 속에서 자유로운 움직임의 요소들을 병치한 결과이다. 그 결과, 라 빌레뜨 공원에서 개개의 독립적인 시스템은 중첩, 병치, 치환 등의 기법을 통해서 '복합적인 영역성'이라는 다층적인 공간구조를 만들어낸다.〈*길성호, 수용미학과 현대건축, 시공문화사, 2003, p80*〉

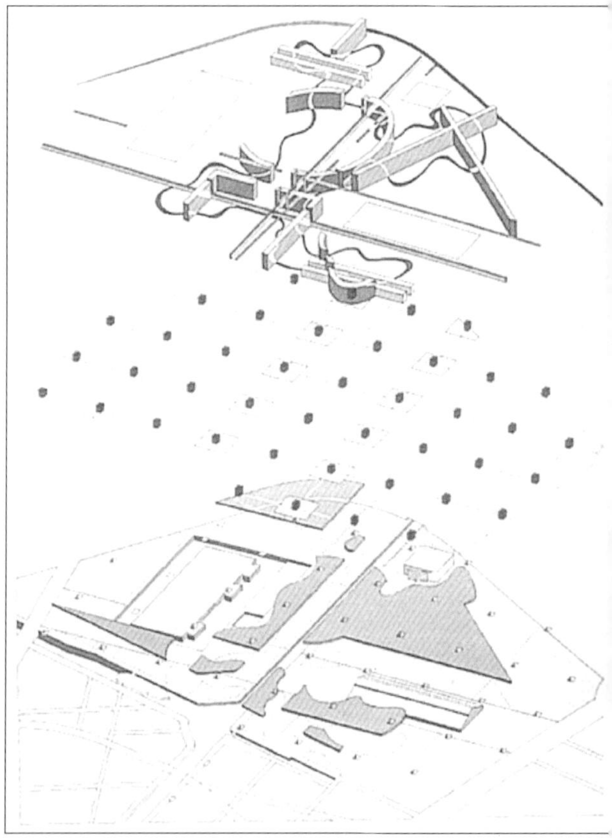

그림 90 라 빌레뜨 공원의 점, 선, 면 체계의 중첩

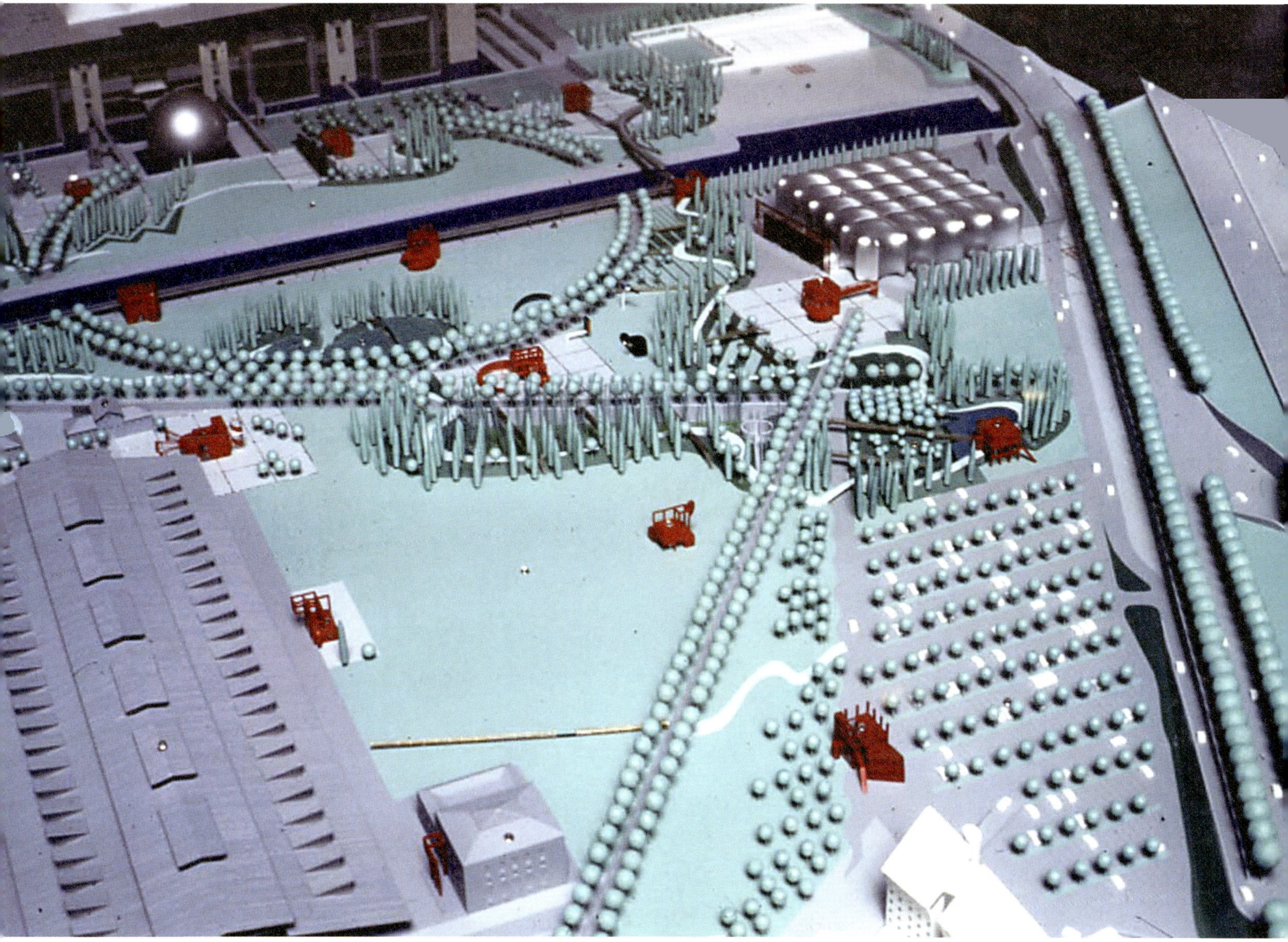

그림 91 라 빌레트 공원(Parc de la Villette) 개념모형, 베르나르 츄미, 프랑스 파리

① **도시의 추상화**(Abstractness)

베르나르 츄미가 라 빌레뜨 공원에서 새로운 형태의 도시 개념, 즉 도시가 추상화되고 있다고 분석하고 읽었다. 도시의 추상은 어떤 도시의 재현인 추상적 회색과 검정의 배경 위로 붉은 점들과 녹색 선, 그리고 시네마(Cinema)적 소용돌이들을 전위시키는 것에 의해 연상된다. 이 비장소(Non-Place)는 슈퍼마켓, 주차장, 작은 집, 정원들이 뒤섞인 교외일 수도 있다. 이러한 점에서 그것은 사회적 리얼리티의 추상이며, 어떠한 주요 도시의 주변에도 있을 수 있는 이질적 단편들로부터 고급 예술을 만들어 내려는 시도이다.〈*김원갑, 건축과 해체, 세진사, 2000, p.65*〉

그림 92 라 빌레뜨 공원(Parc de la Villette)의 추상적 이미지

**② 폴리(Folies)**

18세기 정원의 영국식 폴리(Folly)와 '광기'의 프랑스식 개념(푸코가 그의 저서 『광기의 역사』에서 설명했듯이) 둘 다를 동시에 의미한다. *김원갑, 건축과 해체, 세진사, 2000, p.64*

폴리는 하나의 고유명사이자 서명이다. 츄미는 이와 같은 방식으로 실제로 공간을 만들면서 그것을 채우고 있지는 않은, 하나의 공간 안에 한정되지 않는 숫자로 요소들을 분포시켜 놓고 있는 점-그리드를 명명한다. 폴리는 처음에 단지 일부를, 일련의 부분들을, 정확히는 선과 표면들, '사운드 트랙'과 '이미지 트랙'을 포함하는 정교한 직조를 통한 앙상블을 가리키는 것이었기 때문이다. 이 고유명사를 통해서 실제로 폴리는 공통분모, 즉 '프로그램적인 해체'의 '최대공약수'가 된다. 그러나 더불어 이 각각의 폴리들을 나타내는 붉은 점은 여전히 약분 가능하게, 다시 말해 점이 없는 점으로 남겨짐으로써, 그 분절적인 구조 속에서 그 자체의 부분들과 마찬가지로 다른 폴리들과 관계를 맺는 대체 또는 조합의 교환을 제공한다. 즉, 열린 점이자 동시에 닫힌 점인 것이다. 이중의 환유는 그것이 이 고유명사(베르나르 츄미의 '폴리(Folies)')를 광기라는 개념의 방대한 의미론을 행해 열려 놓은 바를 결정하거나 또는 과결정하게 될 때 심연 속으로 사라지며, 그것이 그 자체로부터 떠나고 주체가 되지 못한 채 소외시키며 분리시킬 때, 그 자체를 외부에 노출시키고 그것이 아닌 것 속에서 분리시킬 때, 의미에 발생하는 모든 것이 공유하는 이름 또는 공통분모가 된다. *마이클 헤이스(K. M. Hays), 봉일범 공역, 1968년 이후의 건축이론, 시공문화사, 2003, p.760*

그림 93 라 빌레뜨 공원(Parc de la Villette)의 폴리의 변형

라 빌레뜨 공원에서 무한히 조합될 수 있는 폴리는 표현을 다양하게 할 수 있는 의미의 복수성을 가지고 있다. 그래서 공원의 관람객들은 자신만의 해석을 할 것이고, 이러한 해석은 다시 해석되고 또 다시 해석되어 결과적으로 하나의 이야기가 된다. 결론적으로 이 프로젝트에는 절대적 진실이 존재하지 않는데 이는 프로젝트가 전달하는 어떠한 의미라도 그것은 해석의 기능이기 때문이다.〈*베르나르 츄미(B. Tschumi), 류호창 · 서정연 공역, 건축과 해체(Architecture and Disjunction), 시+공, 2003, p.193*〉 그리고 은행이 은행처럼 보여서는 안 되고, 오페라극장이 오페라극장처럼 보여서도 안 되며, 공원 또는 공원 같이 보여서는 안 된다. 이러한 거리두기는 프로그램에 대한 기대를 미리 계산된 것에 의해 전환하거나 어떤 매개적 요인을 사용함으로써 만들어질 수 있는데, 매개적 요인은 실제 지어지는 부분과 사용자의 요구 사이에서 거리를 두게 하는 추상적 변수로서 작용한다. 폴리의 점 그리드는 새로운 투자의 장소를 구성한다. 폴리는 새로운 표식 즉 전이와의 접목이다. 이렇게 접목된 전이는 공간으로의 접근을 허용한다. 처음에는 이중가치(Ambivalence : 동일한 대상에 대하여 동시에 두 가지 서로 모순되는 가치를 가지는 정신상태)로써 시작된 공간이 다시 구체화되어야만 하는 공간 내에서 하나의 형태로 발전한다. 폴리는 '공간과 시간의 변형된 언어를 다시 소개함으로써, 상징과 실체가 상상의 건축을 가능하도록 하는 결절점'을 생성한다. 라 빌레뜨 공원은 새로운 문화적, 사회적 표현형태의 한 유형으로써 변환적 공간을 제공한다.

그림 94 라빌레트 공원(Parc de la Villette), 베르나르 츄미, 프랑스 파리

③ **그리드(Grid)**

베르나르 츄미는 그리드를 충돌하는 기하학적 시스템을 사용한다. 그 부지를 가로질러 120미터의 그리드에 의해 남북 쪽으로 8개의 정방형을 배치하고, 동서쪽으로 5개의 정방형을 배치한다. 베르나르 츄미는 이것을 점들의 시스템으로 보며, 매 교차점마다 그것이 더 큰 건물들의 내

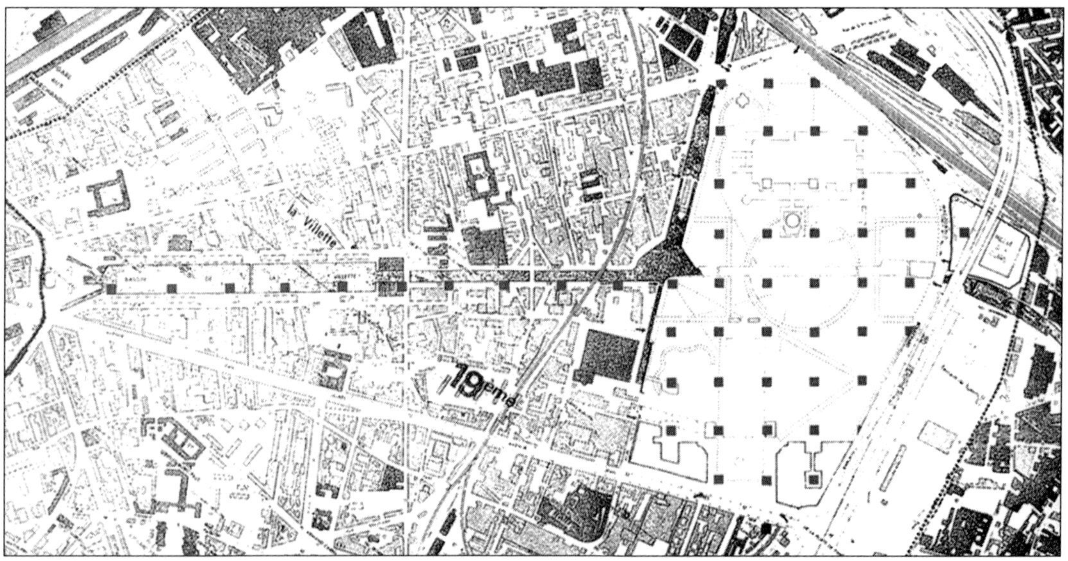


그림 95 건축적 텍스트 사이의 매개체 Grid

부로 들어가게 되는 장소를 제외하고는 폴리를 위치시킨다. 그리드는 파리시가 간섭을 필요로 할 수 있는 다양한 지점들을 위치시키기 위해 육지 측량부서의 그리드를 이용했다. 베르나르 츄미는 이 그리드를 '건축적 텍스트' 사이의 '매개체'로서 보았다. 그것의 관점은 프로그램과 건축의 두 가지 개념들 사이에는 어떠한 필연적 연결도, 인과 관계도, 개인적 설명도 없으며 결국 그것을 저항한다. 이러한 익명성은 그리드를 무언가가 집중될 수 있는 잠재력을 가진 무한한 점들로써 이루어진 하나의 장(Field)을 표현한다. 즉 그리드는 중심성이나 위계성에 저항하고 미완성으로 무한하게 확장되고 추상적인 그리드(Grid)를 공원에 인위적으로 배치하여 개개의 결절점(Node)이 상이하도록 배치하였다.

### (2) 렘 쿨하스의 라 빌레뜨 공원

라 빌레뜨 공원(1982)의 디자인 과제는 과거의 전통적인 공원처럼 자연을 복제하는 것이 아니라, 건축적인 특이성을 프로그램 상의 미확정성과 결합하는 방법의 제안에 있다고 전제하였다. 여기서 형태 개념의 기반이 된 프로그램 상의 미확정성이라는 근본적인 원리는 초기의 가설을 손상시키지 않고 변환, 수정, 치환, 대체 등을 가능하게 해 주는 도구로 작용한다. 이것은 렘 쿨하스가 프로그램에서 예측치 못한 이벤트를 수용하고 공원에서 발생되는 비기능성을 허용하는 태도 때문이다. 이를 위해서 그는 레이어(Layer)의 중첩과 의도적인 띠(Band)를 건축적 장치로 사용하고 있다.

그림 96 렘 쿨하스, 라 빌레뜨 계획안, 1982

① **레이어(Layer)의 중첩**

이 수평의 띠를 여러 층위로 중첩시키는 수법은 최대의 프로그램 요소들 사이에서 최대의 '경계선'을 만들어내며 각 프로그램 띠 상호 간의 침투를 가능하게 해 준다. 베르나르 츄미와 마찬가지로 렘 쿨하스도 소규모 스케일의 요소들을 대지 전역에 분배하기 위해서 포인트 그리드의 개념을 도입하였나. 이것들은 수학적으로 계산된 바람직한 발생빈도에 근거하여 대지 전체에 상이한 점의 형태로 분포되었다. 결과적으로 공원은 수평의 띠로 분할되었기 때문에, 포인트 그리드의 요소들은 서로 상이한 영역에서 발생한다. 그 결과 동일한 구성요소들이라 할지라도 그것이 속해 있는 좌표계와 영역에 따라 서로 상이한 성격을 띠게 된다. 이러한 다양한 층위들은 수평 띠의 남-북 방향으로 직교하여 관통하는 대로와 동-서 방향으로 연결된 산책로로의 접근과 순환체계를 이루고 있다. 이러한 방법론적인 접근을 통해서 프로그램의 미확정성과 공원에서 발생되는 다양한 인간 행위들을 라 빌레뜨 공원부지와 공존시키려는 것이 렘 쿨하스의 의도였다.〈*길성호, 수용미학과 현대건축, 시공문화사, 2003, p.88*〉 이렇게 서로 상반되는 시스템들을 중첩시킴으로써 우연성과 불연속성을 만들어낸다.

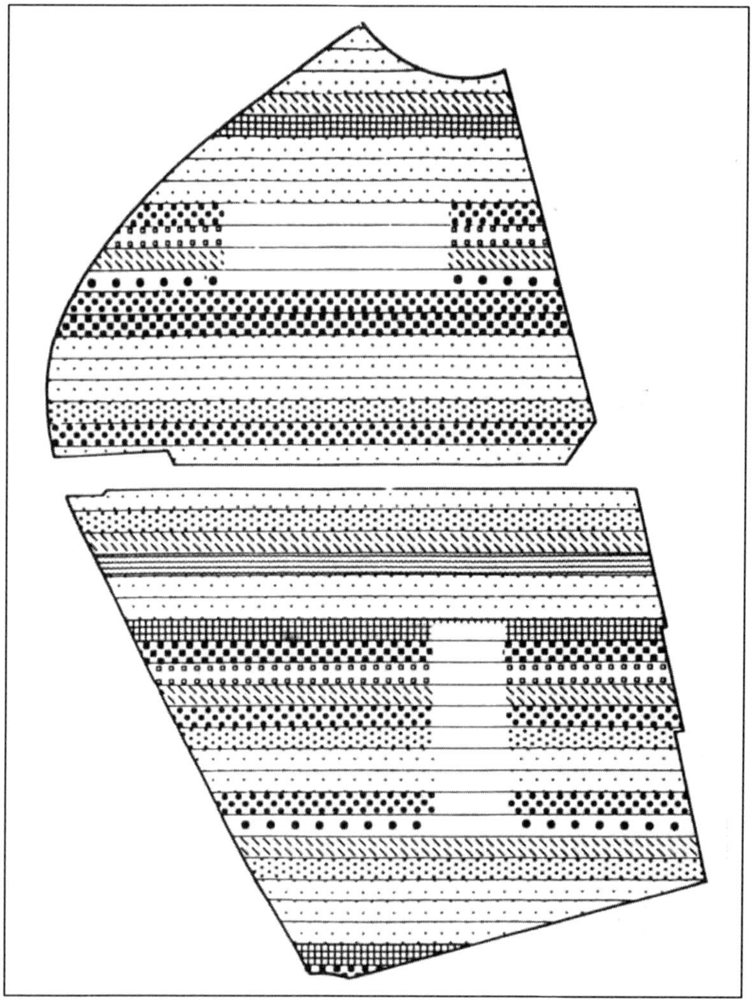

그림 97 띠를 여러 층위로 중첩

**② 의도적인 띠(Band)의 구성**

렘 쿨하스의 라 빌레뜨 공원 계획안에서 전체적으로 복합적이고 세부적인 사항을 처리하는 흥미롭고 새로운 조경방식을 제안했다. 긴 부지를 서로 다른 활동과 식재를 가진 수평적 '띠(Band)'의 시리즈로 분할했다. 가는 띠들은 전 부지에 걸쳐 무작위로 뿌려지는 작은 요소들이나 '색종이 조삭(Confetti)'들을 갖는다. 그리고는 기존 건물들을 포함하는 더욱 큰 요소들의 층이 이루어진 후 순환과 층들 사이의 연결이 이루어진다. 그럼으로써 다섯 개의 구별되는 시스템들끼리의 중첩은 복합적인 프로그램과 그것의 불확실한 성장과 투자에 잘 대처하게 되는 풍부한 텍스트가 된다. 반복되는 띠들의 분절음은 유희를 하기위한 건물들과 정원들의 즐거운 '색종이 조각'에 대한 최소한의 응집력을 제공해준다. 전략적으로 부지를 동-서 방향으로 나누는 일련의 평행한 프로그램 띠로 분할하고, 여기에 공원의 주요 프로그램 요소들을 배치하고 있다.

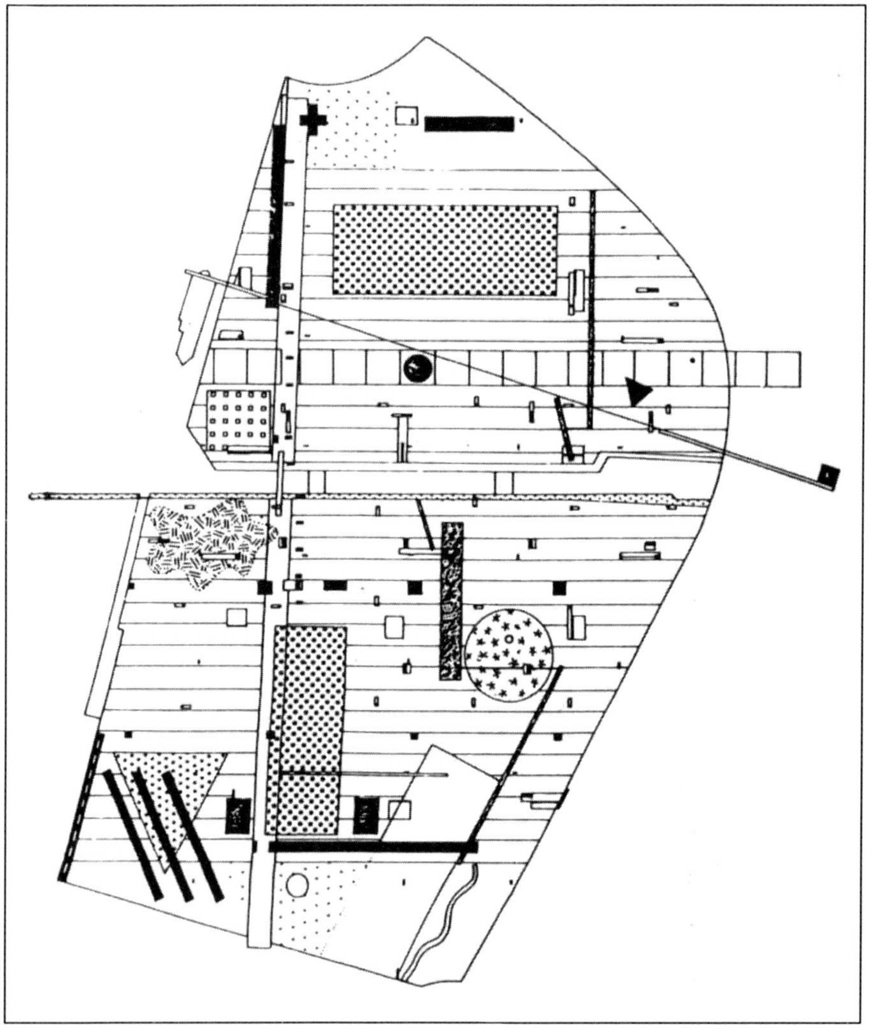

그림 98 띠들의 배치

**필사약력 이 호 정**

〈현재〉
공주대학교 건축학부 교수

〈학력〉
1984 인하대학교 건축공학과 졸업
1986 인하대학교 대학원 석사 졸업
2002 인하대학교 대학원 박사 졸업

〈실무경력〉
1984 김중업 건축연구소 근무
1987 장원건축사사무소 근무
1992 협연종합건축사사무소 대표

〈저서〉
2007 새로운 주거의 형태(기문당)
2006 주거건축으로 본 근•현대건축(태림문화사)
2004 건축담론(공주대힉교 출빤부)
2003 건축형태분석(기문당)
2003 주거학 강의(기문당)

2000 서양건축의 이해(도서출판 예문사)
1999 지속가능한 건축, 용마루(도서출판 간향)
1994 도시주거 들여다보기, 용마루(미건사)

〈역서〉
1992 넥서스 월드(서우문화사)
1988 근대건축의 조류(태림문화사)
1987 작가 시리즈, 피터 아이젠만Peter Eisenman(집문사)
1986 이상도시, 건축적 전개(태림문화사)

〈설계 작품〉
2007 고성군 소가야유물전시관 신축공사 현상설계 당선
2007 홍성군 조류탐사과학관 현상설계 당선
2006 한국 농촌공사 초청 작품전시회(5인의 건축가로 선정)
2006 남양주시 향토사박물관 현상설계 2등
2006 경남과학교육원 및 문화재보호전시관 현상설계 당선
2006 군산 시립도서관 현상설계 우수상
2005 서울 퍼포밍 아트센터 국제현상설계 참가 International Ideas Competition for the Design of The Seoul Performing Arts Center
2004 인천항만교통정보센터 현상설계 2등입상
2003 백남준 미술관 국제현상설계 입선 THE NAM JUN PAIK MUSEUM, International Ideas Competition

# 도시, 장소, 그리고 맥락

2007년 8월 30일 1판 1쇄 인쇄
2007년 9월 10일 1판 1쇄 발행

저 자 이 호 정
발행인 정 헌 준
발행처 태림문화사
주 소 서울 용산구 원효로 1가 128-13호
전 화 (02) 716-2473 / (02) 714-2478
팩 스 (02) 718-4580
이메일 taerim79@hanmail.net
출판등록 1979. 3. 27.(2-679)

ISBN 978-89-8205-220 0 정가 15,000 원